哈佛最熱門的價值策略課

卓越企業如何為顧客、員工、供應商
創造高價值？

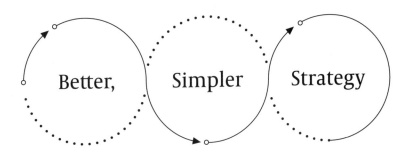

Better, Simpler Strategy

Felix Oberholzer-Gee
哈佛商學院超人氣教授
菲利克斯・奧伯霍澤 - 吉————著　李芳齡————譯

各界讚譽

「書名符其實地把策略精煉成一個精簡的前提。」

——《策略與企業》（*Strategy+Business*）雜誌

「在這個快速演進且複雜的世界，組織必須以清晰且具有說服力的策略來動員團隊。在這本啟示性、且實用的著作中，作者菲奧伯霍澤 - 吉引領你設計一個簡單明瞭的策略說明，幫助你了解如何把願付價格和願售價格之間的差距最大化。」

——米其林（Michelin）執行長，孟立國（Florent Menegaux）

「簡單明瞭是一種優點，本書捨棄晦澀難懂的企管術語，提供一個基本原理的策略指南，用大量有深度的例子，解釋如何使用一個價值導向的新架構來建立突破策略。」

——紐約大學史登商學院教授，亞當·布蘭登柏格（Adam Brandenburger）

「奧伯霍澤 - 吉根據他在策略領域的二十年研究與實務心得，提出一個很棒的工具——價值桿，以簡單明瞭、直覺的方式揭露策略問題的本質，使以往複雜、困難的策略決策變得容易且有效。」

——易方達基金管理公司執行長，劉曉艷

「策略是一門藝術,也是一門科學,常令人覺得奧祕難解,本書揭開價值創造的神秘面紗,讓所有階層的領導人更易於處理策略,達成優異績效。」

——GoDaddy 公司執行長,阿曼·布塔尼（Aman Bhutani）

「奧伯霍澤-吉巧妙地把複雜的策略主題精煉成簡單明瞭的價值桿,使用數據資料和真實例子,解析壞策略或好策略的陷阱與機會。本書將改變你對策略與競爭的思維。」

——Google X 財務長,海倫·萊利（Helen Riley）

我們哪有什麼大不同呢，我們之間的差別只不過是
我總懷抱夢想，而你總是畏懼遲疑。

——紀伯倫（Khalil Gibran）

目錄

第一部 | 如何打造優異績效?

第二部 | 為「顧客」創造價值

第三部 | 為「員工」、「供應商」創造價值

第四部 | 生產力

第五部 | 執行

第六部 | 價值

不再抽象，迎向更簡明、
更實用的策略！

吳學良／台灣大學國際企業學系特聘教授

一九八〇年代一本歸納成功者的經典暢銷書《追求卓越》（*In Search of Excellence*）針對當時 43 家美國最成功的企業進行研究，萃取出能讓企業卓越的八個抽象的管理特質，如行動導向、接近顧客、以人為本的生產力等等。然而，隨著時空環境的變化，這些卓越企業卻陸續跌出神壇之外，讓這八大法則略嫌諷刺，也突顯出不夠嚴謹的方法論。

就在各式商業書籍氾濫之際，由哈佛商學院策略學教授菲利克斯‧奧伯霍澤-吉（Felix Oberholzer-Gee）的新書《哈佛最熱門的價值策略課》（*Better, Simpler Strategy*）顯然是其中的一顆寶石。他根據多年研究、教學與實務工作經驗所寫成的一本策略指南，主張把一向抽象的策略簡明化，讓策略變得更實用、更有成效。菲利克斯以一個易於理解、和績效關連的架構（價值桿中的客戶願付價格及員工願售價格），伴隨深度解析的案例，解釋如何使用一個價值導向的觀念架構來產生策略。

本人多年閱讀策略相關書籍與教授策略課程，但仍在閱讀此書後，也能快速獲得以下幾個挑戰傳統的策略觀念：

一、**網路效應的侷限性**：自互聯網時代來臨，大家瘋狂崇拜網路效應，也將矽谷許多成功企業簡單歸因於網路效應的操作。本書同意網路效應雖可促成企業巨大的成功，卻也能導致急遽失敗，特別是網路效應的地理侷限性限制了許多大平台的吸引力與全球擴張，例如 Amazon、Uber 在進入一個新市場時，必須從零開始，彷彿它在美國本土的優勢不復存在。

二、**前瞻預測的盲點**：傳統的策略觀推崇類似諸葛亮般的謀略家，能料敵機先，超前布署。書中舉例指出網路效應創造騷亂及難以撼動的地位，產業生態系的成員卻也逐漸了解讓一個平台變成獨大，是一個致命的策略錯誤。作者認為，在這種理所當然的趨勢下，想像力和警覺性是最重要的兩種特質。所以策略分析除了前瞻，也應有「眾人瘋狂我恐懼」警覺性，包括「以終為始」的逆向思考。

三、**顧客價值不必然來自於規模，組織學習效果也不是**：傳統的策略觀認為規模與範疇乃競爭之本，而網路效應更是驅動平台快速做大做強。但書中強調更重要的是，創造與規模無關的顧客愉悅感。網路效應雖強大，但網路效應造就的規模並不會比優異點子、更愉悅的顧客體驗、或較不昂貴的互補品促成的用戶支付意願更有價值。同樣地，書中也用英特爾的例子說明，不需要高量產才能獲得學習機會，還有其他更多途徑可以增進知識。規模不必然造就更佳的組織學習效果。

四、**合作往往比競爭更重要**：傳統的策略觀一向強調競爭中如何擊敗對手，而更全面的策略是能在生態系裡，化競爭者為互補性的夥伴。書中舉例 1997 年夏天，數千名蘋果鐵粉前往波士頓 MacWorld 大會，慶祝他們的英雄史蒂夫・賈伯斯（Steve Jobs）重返蘋果公司。而賈伯斯帶來的驚奇比他的聽眾預期的更深遠，就是宣布和蘋果的勁敵微軟合作，這是蘋果向來鄙視、惱怒、且非常成功的對手。

　　策略一直被認為是一個抽象的概念。雖說運籌帷幄，決勝千里是策略的高深境界，但實務上如何形成策略與如何落實策略，卻一直困擾著實務工作者。本書建議企業須把價值視為核心，持續運用創意去為顧客、員工、供應商及社會創造更多價值時，獲利自然隨之而來。本書值得推薦。

簡明、舉例多、
具人文視角的策略好書

Manny Li ／《曼報》創辦人

自 2020 年 1 月撰寫《曼報》這份電子報以來，陸續針對超過 300 個科技與商業事件做了或長或短的分析，過程中常因有感自己在商業思維與策略分析上的不足，而試圖從茫茫書海中尋找靈感。

我很高興在這條路上能讀到《哈佛最熱門的價值策略課》這本書，因為市面上講策略的書很多，但像它一樣簡明、充滿案例，且富有人文視角的卻相當稀少。

簡單易懂

我認為一本好的策略書籍必須要有簡單易懂的核心概念，因為在任何規模的組織當中，要落實策略倚賴的是溝通，而不是複雜的模型或華麗的簡報。

貫穿本書的是一個單維的「價值桿」概念，白話來說就是人們琅琅上口的「降本增效」。乍看之下可能會覺得這個概念過於單薄，但很快就會發現大部分常見的經營策略都可被收納於其中。

例如，增效（也就是為顧客創造價值）的部分包含了「顧客旅程」、

「互補品」、「網路效應」等常見的概念。很多時候我們總是零散地吸收這些策略思維，但卻失去了一個共同溝通的語言：「為什麼這個重要？」

「為什麼我們要了解顧客旅程？」「為什麼要發展互補品？是互補還是替代？」「為什麼要發展網路效應？我們的產業有網路效應嗎？」透過「價值桿」概念，每個人都能在同一個共識上對話：「因為要增加顧客的願付價格」。

真實企業個案舉例說明

讓簡單易懂的核心概念更加出色的是，作者援引了數十個真實企業個案。管理若要作為一門「科學」，必不可缺的當然是實證個案。更難能可貴的是本書不僅舉了成功個案，也舉了失敗個案為例，使論述更加立體。

例如，用捷藍航空為例，說明如何從同質性高的產業中脫穎而出；以亞馬遜 Kindle 示範如何打敗索尼；以 Librie 為例，說明「顧客愉悅」的重要性；以淘寶扳倒 eBay 為例，說明企業為什麼瞄準「近在咫尺的顧客」是個好主意；以及用自動櫃員機與銀行櫃員的關係，解釋互補品的概念。

少見的人文視角

最後，我認為全書最令我驚豔的是，透過人文視角來講述企業的「降本」策略。有多少本書會用「供應鏈也是人」為題來切入降本策略？有多少管理者在制定策略時會考慮到人才，尤其是人才發揮「熱情」時能創造的降本效益？

讓工作變得更具吸引力、讓工時更加彈性、連結公司與外部的熱情工作者、協助供應商降低其成本以便它更容易對你銷售,這些策略乍看之下都與降本無直接相關,但本書卻用許多實證個案證明他們最終都提高了公司對員工與供應商的議價能力。

　　總結來說,我非常推薦這本書,它不僅是一本好讀的策略指南,對經營者與管理者而言更是一個指南針,協助我們在繁雜的策略對話中凝聚出共識、掌握策略的全局觀,且不忘商業的本質在於人、在於挖掘顧客的需求、提升員工與供應商的能力,進而創造「降本增效」的價值。

前言

　　策略其實很簡單明瞭。

　　我不確定用這句話做為本書的開頭是否適當。你與我互不相識，我擔心可能會帶給你不好的第一印象，所以，我向你保證，我並不是個傾向說大話的人，我身處幫助改善管理實務的嚴謹學術研究圈，非常注重審視推理。我們的句子以「可能」二字開始，我們提出的數據來自統計學的 95% 信任區間。

　　但這句話是真確的：策略其實很簡單明瞭。

　　看出策略的簡單明瞭，這並不容易，我歷經了很多年，在優秀的老師及耐心的同仁的指導下，才洞察這點。但是，分享這個洞察，可能更加困難。所幸，我有很多經驗，我任教哈佛商學院近二十年，鮮少有一個星期無機會和來自世界各地的企業主管及企管碩士班學生探討有關於策略的疑問。我從這些交談中學到一點：發現策略的簡單明瞭性，令人豁然開朗，彷彿被施了魔法般，拋開難懂的商業術語和不一致的架構，突然間，你恍然大悟，了解那些最佳公司如何獲得優異績效，以及許多其他公司為何沒能發揮它們的潛力。我希望在這本書中與你分享這種豁然開朗的感受。這是一本有關於公司財務績效的書籍，但我不想講述一堆成功故事，我撰寫此書的目的是提供一個強而有力、但簡單明瞭的企業及策略管理角色的思考方式。

　　多數書籍的實際作者數量遠多於書封上列出的姓名，本書也不例外，我非常感謝亞當・布蘭登柏格（Adam Brandenburger）和哈伯恩・史都華（Harborne W. Stuart），他們為價值導向競爭理論建立智識基礎。[1]

　　若沒有好友耐心閱讀初稿，不吝分享洞察，作者很難做出改進。由衷感謝：Youngme Moon 幫助我汲取核心架構中的關鍵概念，讓我在本書中提出自己的見解；Frances Freic 和我合撰一篇價值導向策略的早期論文；Mihir Desai、Hong Luo、以及 Dennis Yao 貢獻他們的傑出分析能力，使論述變得更精闢。[2]Amy Bernstein、Claudio Fernández-Aráoz、Rebecca Henderson、Hubert Jolie、Raffaella Sadun、David Yoffie、以及我在哈佛商學院策略組的許多同仁提供有助益的評論與意見。我也受益於世界各地的哈佛商學院全球研究中心的執行總監及研究人員的協助，Pippa Tubman Armerding、Esel Çekin、Rachna Chawla、Carla Larangeira、Pedro Levindo、Fernanda Miguel、Anjali Raina、Nobuo Sato、Rachna Tahilyani、以及 Patricia Thome，他們全都提供全球洞察及許多價值導向策略的實例。

　　我在我教授的課程中和無數的企業主管及企管碩士班學生交談，尤其是綜合管理班的學員，他們教我如何更簡單明瞭、有效地思考策略及優異企業績效，使我受益良多，沒有這些談話，不可能寫就本書。我也在此感謝非常細心地閱讀本書原稿的編審 Peggy Alptekin，把我的插圖生動化的 Scott Berinato，以及從頭到尾協助完成此書的編輯 Jeff Kehoe。

　　準備好了嗎？準備思考及夢想了嗎？我們開始吧。

如何打造優異績效？

第 1 章

更簡明，更好

為什麼卓越公司做得更少，卻得到更多？

過去數十年間，策略已經變得愈加複雜。若你任職一個規模頗大的組織，你的公司很可能有一個行銷策略（為了追蹤及形塑消費者的喜好）、一個公司策略（為了追求綜效帶來的益處）、一個全球策略（為了擷取全球各地的商機）、一個創新策略（為了在競爭中領先）、一個智慧財產策略（為了捍衛創新的成果）、一個數位策略（以利用網際網路）、一個社會策略（在線上和社群互動）、一個人才策略（吸引有非凡技能的個人）。在這些每一個領域，能幹的人員執行一長串的急迫行動。

公司考慮所有這些挑戰，當然是對的。快速的技術變化、全球競爭、氣候變遷和全球衛生緊急狀況導致的供應鏈瓦解、不斷演變的消費者喜好，這些結合起來，顛覆傳統的事業經營方式。伴隨世界的經濟體變得更加整合，企業需要一個全球策略；伴隨技術改變消費者的喜好以及滿足他們的方式，企業必須重新思考創新及行銷；伴隨限制工作場所多樣性的成本及不公平性已經變得不可能被忽視，公司必須設法建立更包容的人才池及資歷發展途徑。但是，在應付這每一種新挑戰的同時，我們對我們的組織的要求不斷增加，對員工的期望不斷提高，也要求我們的複雜策略能產生幾乎奇蹟般的成效。

　　我看到處處都有這種期望升高的跡象：傑出產品、絕佳體驗、「千載難逢的交易」……，這些都是期望不斷升高的表現，但是，很長的工作時數、幾乎不可能達成的目標、痛苦的生活，這些也是期望不斷升高下的後果。為了做研究和寫案例分析，我造訪過很多公司，幾乎無一例外地敬佩於人們在短期內完成那麼多事，而且往往是在有限的資源下做到。不過，最令我驚訝的是這個——在繁雜精細的企業策略和高強度的工作生活之下，我原本預期會在多數公司看到優秀的獲利力，以及幾乎所有人都獲得豐厚的薪酬。但是，我並未見到這兩者。就拿企業獲利力來說吧，S&P 500 指數中的公司當中有四分之一的長期報酬未能大於資本成本；在中國，這個比例更高，將近三分之一。

　　想想看，**這麼多公司裡有那麼多能幹、高度投入的員工，這麼賣力，為何績效卻如此不理想？為何努力和複雜精細的策略使一些公司獲得持久的財務成功，但沒能使其他公司獲得這樣的成功？我們擁有人類史上素養最佳的人力和非常能幹的公司領導人，為何如此難以做到持久的成功？**若你曾有過這些疑問，本書將為你解惑。

　　當我們的公司表現不如期望時，我們往往懷疑是我們欠缺了什麼要素：若我們有個更佳的人才策略，那就好了；若我們有一個更堅實的供應鏈，那就好了；若我們有更多的創新供輸，那就好了；若我們……。於是，我們推出一個人才策略，投資於增強事業韌性，加速創新循環。伴隨我們的策略行動倍增，預料之外的事情發生了，**我們聚焦於所有樹木，導致見樹不見林。在大量的活動中，我們難以看到一個整體方向、一個指引原則。**任何看起來大有可為的點子，似乎都值得去做，結果，常理當道，策略幾乎沒有指引企業的作用。在這樣的世界裡，策略規畫變成了一種年度儀式，令人感覺繁文縟節，在解決重要課題上沒什麼幫助。其實不難找到完全沒有策略的企業，至於許多其他公司，所謂的策略,就是一個 80 頁的卷宗,裡頭滿是資料,但沒有什麼洞察,考量清單列得很多,但對實際決策沒什麼幫助。[1] 檢視公司的策略計畫時,我通常看到大量的架構(其中許多架構還相互不一致),但鮮少看到有效管理的指引。若說一個好策略的特徵是告訴你別做什麼、不必為哪些事情傷腦筋、可以不必理會哪些發展,那麼,現今的許多策略規畫根本沒有做到這些。[2]

我在本書中主張:策略管理應該回歸基本,把策略簡單明瞭化,可以使策略變得更實用、更有成效。使用一個易於理解、和財務績效關連的總架構,可以得出一個共通語言,讓我們可以匯總與評估現今組織中發生的許多活動。

我在無數企業主管身上看到更簡單明瞭思考的效果。我任教於哈佛商學院,這些經理人熟悉流行、著名的策略架構,他們的企業經常執行勞心費時的規畫流程,以指引投資決策和管理工作的注意力。但是,在許多情況下,就連這些熟練的專業人士也難以看出特定專案跟他們公司的策略之間可以如何關連,策略充其量為事業主張提供支持或反對的論點,鮮少指引如何選擇或聚焦何處。其結果是,方案與活動增生。當無人知道何時說不時,大多數點子(由能幹、有抱負的員工提出)看起來都是好點子。當大多數點子看起來都是好點子時,結果就是現今的企業世界充斥過動症。[3]

面對我在課堂上以及我擔任顧問時觀察到的挑戰,我磨銳我的策略方法。根據我的經驗,我在本書中敘述的「價值導向策略」(value-based strategy)很適用於穿透複雜性,評估策略方案。**這個架構提供一個強大的工具,能讓你看出你的數位策略如何跟你的全球雄心關連(或無關連),你的行銷策略如何一致(或不一致)於你在人才市場上的競爭方式。價值導向策略幫助你做出聚焦於何處以及如何強化你公司的競爭優勢的決策。**

圖表 1-1　企業如何創造價值

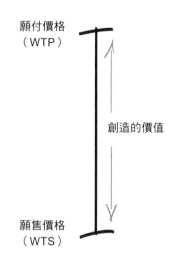

價值導向策略的基本直覺再簡單明瞭不過了：獲得持久財務成功的公司為顧客、員工、或供應商創造高價值。一張簡單的繪圖最能展示這概念，我稱它為「價值桿」（value stick），參見＜圖表 1-1 ＞。

價值桿的上端是**願付價格（willingness to pay，簡稱 WTP）**，代表顧客的觀點。更確切地說，這是顧客願意為一項產品或服務支付的**最高價格**，若公司設法改善它們的產品，WTP 將提高。

價值桿的下端是**願售價格（willingness to sell，簡稱 WTS）**，指的是員工和供應商的觀點。就員工而言，WTS 是他們接受工作所需要的**最低薪酬**，若公司使工作變得更具吸引力，WTS 將降低。若工作特別危險，WTS 提高，工作者要求更高的薪酬。④ 就供應商而言，WTS 是它們願意出售產品及服務的**最低價格**，若公司使供應商更容易生產及出貨，供應商的 WTS 將會降低。

WTP 和 WTS 之間的差距是價值桿的長度，也就是企業創造的價

值。研究顯示，傑出的財務績效（報酬大於公司的資本成本）源自更高的價值創造[5]，而**創造更高價值的途徑只有兩條：提高 WTP，或降低 WTS**。[6] 概念上，策略很簡單明瞭，我深信，**更簡單明瞭的策略思考將產生更好的成果**。

「Renew Blue」計畫：百思買

美國最大的消費性電子與家電產品零售商「百思買」（Best Buy）為此方法的效力提供一個好例子。百思買在 2012 年末時尋找一位新執行長，想像你接掌這個職務，你應該會覺得不可能成功。當時，多數人認為百思買氣數已盡了，亞馬遜（Amazon）已經成功壯大它的電子產品零售業務，不僅大舉侵蝕百思買的市場占有率，並向消費者提供廣泛的產品選擇和攻擊力強大的售價。在此同時，沃爾瑪（Malmart）及其他大型商場藉由聚焦最流行、能夠銷售高數量的器材及家電，搶攻市場占有率。最糟糕的大概是持續增長的趨勢：消費者造訪實體商店，決定他們喜歡哪些產品後，轉頭到線上購買。遭受這些猛烈攻勢與衝擊之下，百思買的業績自然很難看，2012 年時，該公司一季就虧損了 17 億美元，長久以來雖處於持續下滑之勢、但仍然有 15% 至 19% 左右的投資資本報酬率（ROIC），已經下墜到 16.7% 了。[7] 投資研究與資產管理公司桑福伯恩斯坦（Sanford C. Bernstein）的分析師柯林・麥葛拉納罕（Colin McGranahan）說：「百思買彷彿提著刀參與槍戰」，商業內幕（Business Insider）網站上的一篇評論下了一個唱衰標題：「百思買死定了」（Best Buy Should Be Dead）。

早前從事策略顧問業、2008 年時受聘擔任旅館及旅遊業卡爾森集團（Carlson）執行長的修伯・喬利（Hubert Joly），這回接下了拯救百思買的挑戰，他和團隊認知到百思買當時的處境岌岌可危，他們制定了一個名為「Renew Blue」的計畫。這項計畫的核心構想是：藉由提高願付價格 WTP 以及改善價格認知，創造更高的顧客價值。他們不把上千家的百思買商店視為導致公司難以競爭的一個負債項目，而是重新想像它們的角色，把它們變成一種資產。未來，這些商店將有四種功能：銷售據點（這是它們的傳統角色）；採行店中店模式，做為各種品牌的展示店；消費者取貨點；迷你倉庫。

　　百思買自 2007 年開始讓蘋果公司在百思買零售店內經營它自己的展示店，喬利擴大這種店中店模式，在 2013 年增加三星體驗店（Samsung Experience Shops）及微軟店（Windows Stores），一年後再增加索尼體驗店（Sony Experience Stores），就連亞馬遜後來也在百思買零售店裡開設服務店。店中店概念為百思買提供一個新的收入來源，以及一種更佳的購物體驗，百思買當時的財務長雪倫・麥寇蘭（Sharon McCollam）解釋：「檢視供應商在我們的商店裡做出的投資，真的很驚人，高達數億美元。」[8] 供應商也補貼那些在它們的展示間工作的百思買員工的薪資，但更重要的是，百思買現在能夠提供更深入的銷售專長，因為那些穿著標示了供應商品牌的襯衫、有專門顧問支援的百思買員工個個專注於一個特定品牌。店中店模式不僅使百思買受益，供應商也受益，藉由創造一種更具成本效益的觸及顧客途徑——經營店中店比自行開設與經營商店更省錢，而且，供應商可因更多客流量而受益，百思買降低了供應商的營運成本，進而降低它們的願賣價格 WTS。[9]

　　使用百思買商店做為迷你倉庫，也具有相似效果。喬利的團隊知道，收到新產品的速度是提升顧客的 WTP（願付價格）的一個重要因素，因為什麼也比不上「立即滿足感」。過去，百思買從大型發貨中心出貨，這些發貨中心在週末不營運，此外，存貨管理軟體已是數十年前安裝的老舊軟體了，導致經常缺貨和出貨龜速。[10] 在 Renew Blue 計畫下，改從提供最快速遞送的地點——有時是發貨中心，但通常是路上的某個商店──出貨。到了 2013 年，百思買已經從 400 家商店出貨，一年之後，增加到從 1,400 家商店出貨，使該公司首度在出貨時間上擊敗亞馬遜。[11] 顧客也喜歡在線上下單、到百思買商店取貨，短短幾年期間，百思買的線上訂單有 40% 是從百思買商店出貨或到店取貨。[12] 喬利及其團隊也重新評估百思買的線上活動。跟許多傳統零售商一樣，此前，百思買的管理階層主要視網際網路為一種威脅，替代既有的做生意模式。百思買已經建立了一個線上銷售通路，但半心半意，不太認真看待，百思買網站（BestBuy.com）上提供的產品說明稀疏，顧客評價甚少，搜尋引擎能力差，也沒有與該公司的忠誠顧客酬賓方案整合起來，還有不滿的顧客抱怨百思買網站經常促銷缺貨的產品。喬利掌舵下，這些全都改變，**該公司不再視網際網路為一種替代模式，改而視之為一種補充模式，一種可以提高百思買實體店的價值投資**。雖然，多數顧客旅程從線上購物開始，許多顧客想在購買之前觸摸及感覺一下產品，喬利希望藉由把線上售價和實體店售價調整為相同（這是百思買首次這麼做），把造訪實體店的顧客轉化為掏腰包購買的顧客。就連那些已經在線上完成交易的顧客，也能為實體店帶來價值：當他們到實體店取貨時，他們往往會購買更多產品及售後服務方案。認知到百思買的線上活動其實會支持實體店的活動後，該公司加快它對百思買網站的投資，僅僅幾年後，該網站就已經能夠和其他著名電子商務網站競爭對手互相抗衡了。到了 2019 年，百思買的年營收中有五分之一來自電子商務。

Renew Blue 計畫為百思買帶來新生，如＜圖表 1-2 ＞所示，這一切歸功於喬利及團隊透過種種方法，成功提高 WTP，降低供應商和員工的WTS。

2016 年，喬利宣布 Renew Blue 計畫已達成其目標時，百思買的投資資本報酬率（ROIC）已經從先前的負值（-16.7%）爬升到了 22.7%，

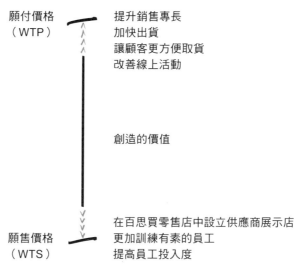

圖表 1-2　Renew Blue 計畫下的價值創造

願付價格
（WTP）

提升銷售專長
加快出貨
讓顧客更方便取貨
改善線上活動

創造的價值

在百思買零售店中設立供應商展示店
更加訓練有素的員工
提高員工投入度

願售價格
（WTS）

稅前淨利率提高了一倍。該公司的股價在僅僅六年間飆漲到四倍[*]。

百思買成功扭轉頹勢，示範了價值導向策略的一些重要原理：

- **擅長創造價值的公司明確地聚焦於 WTP（願付價格）和 WTS（願賣價格）**。它們推出的每一項重要方案，其目的要不是提升顧客體驗——亦即提高消費者的 WTP，要不就是提高公司的吸引力，使供應商或員工更願意和公司共事，換言之，就是降低他們的 WTS。未能符合這檢驗的方案，全都被刪除，例如，百思

---

[*] 這段期間，大盤漲了一倍。在執行 Renew Blue 策略後，百思買的表現持續優於競爭對手，2016 年至 2020 年初期間，該公司股價成長速度比 S&P 500 指數公司的股價成長速度快了兩倍以上。

買廢除它跟亞馬遜市集很像的地方——讓第三方廠商自行銷售產品的交易平台，因為這種市集無法提高 WTP 或降低 WTS，從而創造價值。

- **表現優於同儕的公司以難以仿效的方式提高 WTP 或降低 WTS**。百思買的最獨特資產是它的龐大商店網絡，在實體店環境中提供熟練、公正的服務，這是百思買的競爭者難以匹敵的。亞馬遜缺乏相似的實體店網絡，沃爾瑪並不以高接觸服務聞名，蘋果公司不願意提供不偏倚的服務。

- **簡單明瞭為創造力及擴大參與開啟空間**。喬利用最簡單明瞭的語詞說明 Renew Blue 策略：「我們的使命是成為技術性產品與服務的銷售點及權威，我們的任務是幫助顧客發現、選擇、購買、融資、啟用、享受、及最終更換他們的技術性產品。我們也藉由在線上及實體店內為供應商夥伴的技術性產品提供最好的展示間，幫助它們行銷產品。」[13] 不需要博士學位的學識，也能理解這些淺顯易懂的內容，重點只有顧客的 WTP 和供應商及員工的 WTS。看看百思買的逆轉，該公司的行動快得驚人，它快速制定與推行數十項方案，數量遠多於我在此敘述的。**想以飛快速度執行一項策略，關鍵在於這策略必須簡單明瞭，每一位主管、每一位商店、每一個員工清楚提高 WTP 或降低 WTS 的方法，這樣就能確保他們幫助公司朝往正確方向。**

- **許多最成功的公司聚焦於在一個產業內的競爭地位，而非聚焦於整個經濟體的平均績效**。喬利解釋：「你也許還記得，以前，公司談的都是我們所屬產業內的逆風，但現在，我們不再談逆風了，……。我們認為，我們現在做的，對整體環境的影響更大。」創造出色價值的公司之所以普遍抱持這種思維，原因有三。其一，在多數產業，產業內獲利力變化程度大於跨產業的獲

利力差異性 ⑭；換言之，你的最佳機會幾乎總是在你目前所屬的產業內，縱使，這產業被視為一個經營困難之地。聚焦於在一個產業內的競爭地位（而非聚焦於產業的吸引力）的第二個理由是，進入一個具有吸引力的產業所需花費的財力與心力是前者的數倍。其三，對於那些身處艱難產業的公司，聚焦於逆風將打擊士氣，可能導致生產力降低。喬利說：「這是一種良性循環，一旦你開始獲得勝利，人員就會更振奮，更有信心。」百思買的內部資料顯示，到了 2013 年，該公司的員工投入度達到自 2006 年以來的最高水準。⑮

當然，關於百思買的未來，仍然存在許多疑問。

- **百思買是單純運氣好嗎？**這點毫無疑問，我認為，任何組織的優異績效，總有部分得歸因於好運。百思買能成功扭轉頹勢，有部分得助於新一代 iPhone 和遊戲機之類大受歡迎的電子產品；電路城（Circuit City）、睿俠（RadioShack）、格雷格（H. H. Gregg）、以及其他比較小的電子產品零售商關閉商店，也減輕了這個產業的競爭激烈度。但是，**出色的長期價值創造鮮少是純粹幸運使然，不論這些處境如何，最優秀的公司在它們的處境中創造佳績。價值導向策略不是看你手上拿到的是好牌或爛牌，而是找到更好的打牌方式。**

- **百思買會長期成功嗎？**通常，時間對高績效組織並不仁慈，我檢視那些創造傑出價值的公司後發現，平均而言，它們的競爭優勢在十年間就會喪失約一半。在百思買所在的市場上，亞馬遜（在消費性電子產品領域）和居家裝修零售商如勞氏公司（Lowe's，電器領域）等的市場占有率持續成長，2018 年時，亞馬遜首度以些微差距擊敗百思買，成為美國最大的消費性電子產品零售商。在一個 80% 的成本為銷貨成本的產業，相對市場占有率很重要，

一家公司的市場占有率愈大，它向供應商的議價力量就愈大，
「**為了贏，我們必須領先**」，喬利說。[16] 雖然，這些情勢發展相
當嚴峻，他是個天性樂觀者，「我們在消費性電子產品的市場占
有率為 26%，這蠻丟臉的，就算取得三分之一的市場占有率，也
還是很丟臉，但公司取得的成長將相當大。」[17] **價值導向策略將
清楚指引成長的潛在源頭，以及可望帶來最大價值的機會。**

本書架構與內容概述

接下來，我將以百思買的策略的基本概念──**長期的財務成功反映
的是更優異的價值創造**──為基礎，**本書內容主旨探討各種產業及商業
環境中的企業如何在實務中運用此方法。**你可以把本書視為沿著價值桿
下工夫的一趟流程，參見<圖表 1-3 >。

圖表 1-3　重要的價值驅動因子

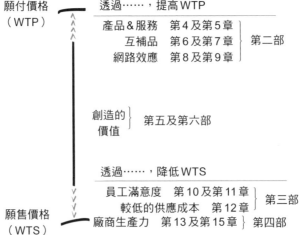

　　第一部：如何打造優異績效？——我們想知道為何一些公司遠比其他公司成功，例如，居家裝修零售商勞氏公司和家得寶（Home Depot）好比雙胞胎的兩家公司嗎，為何家得寶卻遠比勞氏更賺錢呢？答案是——**這主要取決於公司如何為顧客、員工、及供應商創造價值。這或許令人感到訝異、但卻是事實：那些績效表現最佳的公司首要考慮的並非它們自身，它們不斷謀求為他人創造價值的更好方法。別思考獲利，思考價值，獲利自然隨之而來。**

　　第二部：為「顧客」創造價值——你是否傾向聲援劣勢者？若是，那你會喜歡有關於亞馬遜如何在與當時佔優勢的索尼公司激烈競爭下，在消費性電子產品市場上取得立足點的故事。當時的索尼擁有一切：最佳的電子閱讀器技術，一個赫赫有名的消費性電子產品品牌，相當於一個小國 GDP 的行銷預算。亞馬遜有什麼優勢呢？思考如何為顧客創造價值的更佳方法。在我的研究生涯早期，我直覺地以為那些銷售導向的組織（例如索尼）和那些聚焦於 WTP 的公司（例如亞馬遜）的績效將相似，但後來發現，我這種直覺是錯的，那些聚焦於 WTP 的公司有更顯著的長期競爭優勢。

　　一些提高 WTP 的途徑很明顯：提高產品品質、提升品牌形象、創新。不過，一些常被忽視的策略也可能非常有功效，舉例而言，一些公司利用**互補品**的力量：一些產品及服務的存在提高了其他產品與服務的 WTP，例如印表機與墨水匣，汽車與汽油。米其林公司（Michelin）和阿里巴巴集團仰賴互補品來加快它們進入新產業；蘋果公司使用互補品來減緩價格下滑；哈金斯連鎖戲院（Harkins Theatres）聰明地提供互補品來吸引觀眾進入其電影院。若你只靠產品及服務來競爭，若你未能辨識出你的互補品，你的事業很可能已經陷入麻煩。

　　說到麻煩，你是否詫異於 Uber、Grab、以及滴滴出行之類的共乘服務公司竟然如此難以展現獲利力？起初，投資人熱愛這些公司，後來卻對它們失望透頂，這種意向的擺盪反映我們對**網路效應**（network effects）的看法。網路效應創造一個正反饋迴路：更多的乘客吸引更多司機，更多的司機又吸引更多的乘客。許多知名科技公司仰賴網路效應來驅動 WTP，在一個極端，網路效應能夠創造高到令市場傾斜的顧客價值，最終，市場上只剩下一家公司。但是，如同共乘市場所示，贏家通吃的結果很罕見。知道你的公司受益於網路效應固然重要，但比這更為重要的是，你有能力評估網路效應的強度，什麼力量促進網路效應？網路效應何時消退？

我們在本書第二部中提到迥異於市場的公司，**從化粧品業到製藥業，從上市公司到家族企業，從全球性龍頭公司到地區性新秀，它們全都倚賴三支槓桿來提高 WTP，創造更高的顧客價值——更誘人的產品、互補品、及網路效應——**。

第三部：為「員工」及「供應商」創造價值——在這一部，我們轉向探討價值桿的下端，我們將看到公司藉由降低員工和供應商的 WTS 來取得競爭優勢。企業訴諸兩種方法來爭取人才：提供更豐厚的薪酬，或是使工作變得更具吸引力。雖然，乍看之下，這兩種策略相似——兩者都創造更高的員工投入度及滿意度，但它們產生大不同的結果。提高薪酬之下，價值從公司轉移至員工，這過程中並未創造價值，只有價值的重新分配。反觀更具吸引力的工作環境與條件，將創造更多價值。我看到敏捷的公司不斷地找到新方法來為員工創造價值，並和員工分析這價值。由於領先的公司非常善於降低 WTS，它們享有 20% 或更高的勞動成本優勢，這並不少見。若你的組織只靠提供更豐厚的薪酬來競爭人才，你當然可能吸引到很能幹且高度投入的員工，但你將失去一個大好機會——藉由為員工創造價值來提高生產力。

降低 WTS 的策略也有助於改善供應商關係。在新冠肺炎疫情和氣候變遷愈來愈常導致全球供應鏈崩潰之前，專家們就已經認知到與供應商密切、彈性合作的價值。若你設法降低一個供應商和你公司共事的成本，你就能從這創造的價值中拿走一部分。不過，這理論簡單明瞭，實務上通常有難度，許多採購商——供應商關係沒有發揮潛能，並不是因為他們難以看出如何創造價值，而是因為害怕其中一方將拿走成功的合作關係創造的利益的絕大部分。

觀察一些公司如何克服這種緊張拉鋸，非常具有啟示作用。我們將看到塔塔集團（Tata Group）如何在嚴苛的成本限制狀況下，讓供應商博世公司（Bosch）能夠放手追求突破的創新。我們將看到耐吉（Nike）如何破除供應商越多越好的迷思；戴爾公司（Dell）教我們如何利用供應商的能力，去執行既缺乏內部支援、又欠缺資金的專案。

我經常遇到經理人說他們的產品及服務已經商品化，無法提高顧客的 WTP。（我承認，我通常抱持懷疑態度，我向來不太確定所謂的「商品化」反映的是一種確鑿無疑的產業事實，抑或只是欠缺想像力。）不過，就算提高 WTP 的機會真的很稀少，多數公司非常希望可以藉由為員工及供應商創造更多價值來獲得優異績效。

第四部：生產力——你猜猜看，一個產業中績效墊底的 10% 公司和績效最佳的前 10% 公司之間的生產力落差有多大？在美國，領先公司的生產力是墊底公司的兩倍；在新興市場，績效最佳的公司的生產力是績效最差者的五倍，想像一家公司在相同的投入時間內生產出五倍量的產品！每當企業提高生產力時，成本和 WTS 將同時降低。本書的第四部〈生產力〉將探討提高生產力的三種機制：規模經濟、學習效應、營運效能。

你可能會納悶，既然有人質疑一些金融機構是否「大到不能倒」，為何在 2008 年的大衰退後，摩根大通銀行（J.P. Morgan Chase）的規模會增長一倍？理由之一是規模經濟，在策略師的原則指南中，規模經濟依然是降低成本及 WTS 的一種給力手段。學習也是——平均成本隨著產出增加而降低，事實上，在機器學習和進階分析（advanced analytics）的年代，學習變得更加重要，舉例而言，異常檢測演算法（anomaly detection algorithms）有助於顯著降低成本，因為瑕疵部件被檢測挑出來，不會進入生產工作流程裡。雖說更陡峭的學習曲線能帶來頗大的效率提升，但學習的策略效應可能相當驚人，舉例而言，若學習使你成為第一個發現某種更佳工作方式的人，這能帶來多大的價值呢？當人人的學習速度都飛快時，比別人早學習並不會產生多大的差別與價值，因為你的競爭者很快就會趕上。弔詭的是，若學習促成的成本降低是以中等速度降低，亦即成本降低速度既不會太快，也不會太慢的話，學習的策略效應最有價值。

在提升生產力的策略清單上，規模和學習效應是存在已久的常青樹，反觀基本管理工具的重要性的研究，則是近年才出現。當被要求用 1 至 10 分來評量他們的公司管理得如何時，大多數經理人給他們的組織 7 分評價，但令人驚訝的是，從這些評分並不能看出一家公司是否確實使用幫助提升生產力的現代管理方法。我指的不是什麼新一代的管理概念及方法，在許多產業及國家，很多公司未使用訂定目標、追蹤績效、經常反饋之類的基本管理工具。若你尋求顯著提升團隊或公司的生產力的方法，這些管理方法可能最能夠幫助你。

第五部：執行——如同本書前面幾部內容的闡釋，引領出優異績效的策略是基於三個概念：為顧客創造價值（提高 WTP）、為員工及供應商創造價值（降低 WTS）、提高生產力（降低成本及 WTS）。基於此洞察，本書第五部將探討公司如何從構思一個策略，邁入實踐此策略。觀察傑出的策略師如何運作，是一個很棒的經驗，我觀察到他們做出三個重要選擇。

第一，在許多選項中，他們選擇投資於少數的價值驅動因子，以在競爭中領先。價值驅動因子是左右 WTP 和 WTS 的項目，它們是對你的顧客而言重要的產品與服務特性，例如，在選擇一家旅館時，消費者通常考慮的價值驅動因子包括地點、房間大小、旅館工作人員、友善度、及旅館品牌。幹練的策略師對於只施力幾個價值驅動因子感覺很自在，保留資源，不施力於許多其他的價值驅動因子。Gmail 的首席開發師保羅・布赫海特（Paul Buchheit）如此表達這概念：「若你的產品在一些層面很優異，就不需要追求其他層面的優秀了。」[18]

第二，針對每一個重要的價值驅動因子，幹練的策略師深入了解它們如何影響 WTP 或 WTS。例如，他們知道規模不是萬靈丹（例如，比較 S&P 500 指數裡的公司的規模或市場占有率，完全無法看出它們的獲利力），但是，他們也知道，在一些情況下，規模可能決定一切，例如，若存在網路效應或規模經濟的話。不論哪種情況，他們都非常了解一個價值驅動因子如何提高 WTP 或降低 WTS。

第三，成功的公司往往使用簡單明瞭的視覺工具，在整個組織中層層下達與貫徹策略。我將討論這樣的視覺工具 —— **價值圖（value maps），說明如何把有關於價值的概念連結至特定的關鍵績效指標（key performance indicators，KPIs）以及提升組織績效的專案。**

第六部：價值——概念上，策略很簡單明瞭，因為策略只有一個目的：**創造價值。把創造價值的事做得很好的公司，最終會在它們所屬的產業中取得領先地位**，我們將看到湯米席爾菲格（Tommy Hilfiger）如何為一個弱勢族群——殘疾者——創造價值。想像你的組織天天為一個願景而努力——改善一群顧客、員工、以及供應商的生活。價值抑或獲利？這是一個偽選擇，優異績效反映的是價值創造，容我重申：**思考價值，獲利自然隨之而來。**

這個洞察很重要，理由不只是公司績效而已。除非你隱居於某座偏遠的城堡裡，否則，你應該知道，企業現在的名聲不是很好，在近期的調查中，只有四分之一的受訪者說他們相信他們的組織：「總是選擇做正確之事，而不是把當前的獲利或利益擺在第一位。」[19] 在全球信任度調查（Trust Barometer）中，50% 的人現在認為：「現今的資本主義對全球的傷害大過對全球的造福。」[20] 就連企業領導人似乎也贊同這個洞察，大型美國公司組成的商業圓桌會議（Business Roundtable）在 2019 年發表一份聲明，揚棄「股東利益至上」的資本主義，強調企業有責任為所有利害關係人——顧客、員工、供應商及股東——創造價值。你大概會問，這不就是成功的企業一直在做的事嗎？企業領導人和公司必須如何改變呢？

價值導向策略特別能夠幫助我們看出前進方向。每個企業必須把價值擺在最核心，當我們運用足夠的創造力和想像力去為顧客、員工及供應商創造更多價值時，縱使是最棘手的問題也能迎刃而解。就價值創造而言，股東資本主義（shareholder capitalism）和利害關係人資本主義（stakeholder capitalism）並無差別，創造更多價值——提高 WTP 和降低 WTS——就是一門好生意。不過，價值導向思維也顯示，我們有相當大的自由去決定如何分享我們創造的價值，公司可以在多種利益之間拿捏平衡，沒有理由相信企業必須只對股東負有義務。在辯論如何分配價值最為適當時，價值導向思維可以提供有幫助的指引。以本書闡述的思想做為基礎，我期望我們能對這類談話注入豐富的想像力和最高尚的自然本能。

第 2 章

從財務觀點分析

長期財務成功的企業都成長什麼樣子

　　我知道，這麼做可能是糟糕的說故事手法，但我想在一開始就分享好消息。我非常樂觀看待大多數公司創造價值和顯著改善它們的財務績效的潛力，這不是癡心妄想，我的樂觀有詳細的資料分析做為根據。挑選經濟體系中的任何一個產業，你會發現，這個產業中最優秀的公司的績效遠優於其他公司。所以，平庸的公司哪怕只是做出些許改進，也能創造很大的價值及獲利。[*]

▍投資資本報酬率ROIC

　　不過，接下來，我們先後退一步。這章探討的主題是長期財務成功的主要型態，沒有任何一個單一指標能夠呈現財務績效的所有事

---

[*] 我要在此感謝哈佛商學院貝克研究服務部（Baker Research Services）的資訊研究高級專員詹姆斯‧柴勒（James Zeitler）非常專業地匯編本章使用的財務資料。

實，但若要我挑出一個指標，我會選擇「投資資本報酬率」（return on invested capital，簡稱 ROIC）。ROIC 把事業的「營業淨利」（operating income）拿來和創造這獲利的資本（權益及負債）互相比較；換言之，ROIC 告訴我們，某個事業在把投資人的錢轉化成營業獲利方面做得好不好。[①]

　　<圖表 2-1 >呈現 S&P 500 指數公司在 2009 年至 2018 年之間的 ROIC 分布。[②]

　　我一開始研究這類資料時，很驚訝公司之間的績效大差異，這些全是知名的大公司 —— 微軟、波音、CBS、聯邦快遞（FedEx）、推特（Twitter，已於 2023 年改名為 X）之類赫赫有名的大咖，但是，普通績效水準的公司（平均 ROIC 為 13.1%）和績效最優者如汽車地帶（AutoZone，平均 ROIC 為 41.9%）、高露潔棕欖（Colgate-Palmolive，平均 ROIC 為 37.6%）、蘋果（平均 ROIC 為 32%）的差距甚大，這也意

圖表 2-1　2009-2018 年，S&P 500 公司的投資資本報酬率（ROIC）

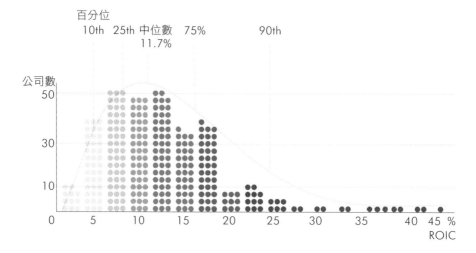

味著改善空間很大。

　　為了能夠了解真正的價值創造，我們必須把＜圖表 2-1 ＞中的 ROIC 拿來相較於公司的資本成本。*就一家有穩定現金流量的大公司而言，12% 的 ROIC 可能相當誘人，但若投資於一家高風險的新創公司，這樣的資本投資報酬率可能吸引力不足。檢視 ROIC 和資本成本之間的差距後，我們獲得的洞察仍然不變，若說績效最佳者——例如萬事達卡（MasterCard，其 ROIC 比其資本成本高出 23.5 個百分點）、TJX Companies（其 ROIC 比其資本成本高出 23.2 個百分點）、百勝餐飲集團（Yum! Brands，其 ROIC 比其資本成本高出 19.5 個百分點）——點出了什麼可能性，那應該是這個：絕大多數公司都有充足的機會可以獲得更好的財務成功。[3]

　　你可能覺得這些公司點出的可能性太樂觀，有這種感覺的，不是只有你。普通績效水準的公司真能趕上那些名列前茅的公司嗎？績效差的公司真有潛力變成起碼平均水準？就一些例子而言，糟糕的投資報酬率的確反映難以改變的、非公司主管能控管的環境及因素，例如，你的公司可能陷入一個激烈競爭的產業，你可能在一個消費者不富裕、低價格的國家裡做生意。不過，企業太易於下結論說外部環境與條件限制了它們的潛力。就連在較貧窮的國家，也出現相同於我們在美國觀察到的企業績效大差異現象（參見＜圖表 2-2 ＞）[4]，印度固然不如美國富裕，但印度有很多財務績效優異的公司，中國的市場高度競爭，但有無數公司的投資報酬遠大於它們的投資成本。在我研究的每一個國家，資料顯示，即使在最艱難的商業環境下，公司也可以賺到很高的報酬。

　　我和績效不是很優異的公司的主管交談時，談話通常很快轉向產業

---

* 資本成本反映投資人在投資一家公司時期望獲得的報酬，超越這些期望值的公司就是為它們的投資人創造真正的價值。

圖表2-2　2009-2018年，各國的ROIC

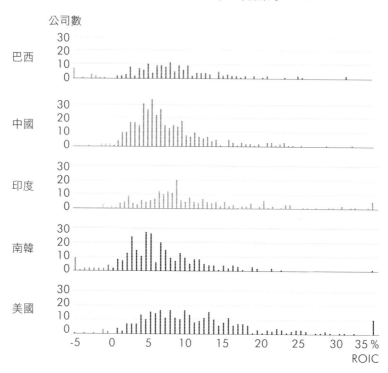

情勢，他們解釋他們的產業被數位科技顛覆，他們如何面臨困難的進口競爭，以及為何難以招募及留住人才。那些主管說的沒錯，不同產業的公司獲利力的確顯著有別，一些產業的平均報酬高，其他產業的平均報酬確實沒那麼高，例如，美國的保險業是個高度競爭的產業（參見＜圖表2-3＞）[5]，平均報酬率接近零（只有1.2%），位居中位數的保險公司摧毀可觀價值。*

---

* 在我們分析的那段期間，位居中位數的保險公司的資本成本介於7%和11%之間波動。

圖表2-3　2009-2018年，美國保險業的ROIC

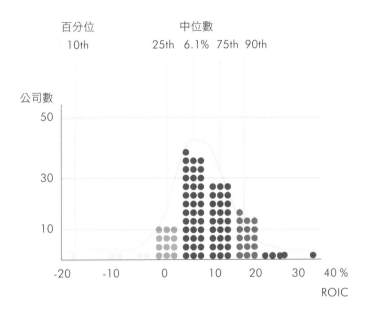

但是，就算在如同保險業這麼高度競爭、平均投資報酬低的產業，我們也看到公司之間的財務績效顯著差異。有些公司就是有辦法做得好，績效最佳的公司繳出 ROIC 超過 20% 的漂亮成績。

保險業不是例外的產業，在一個又一個產業，領先公司以顯著差距贏過較弱的公司。還記得前面提到百思買的執行長修伯・喬利更加注意他所屬產業內各家公司的獲利力差異，沒那麼注意不同產業之間的獲利力差異嗎？喬利這麼做是有好理由的，＜圖表 2-4 ＞顯示產業內及跨產業的 ROIC 差距 [⑥]，通常，同一產業內績效優異公司和績效欠佳公司之間的 ROIC 差距遠大於不同產業之間的 ROIC 差距。

＜圖表 2-4 ＞中的產業從高變異（保健業及軟體業）排序至低變異（銀行業及公用事業），為更容易了解喬利的洞察，我們使用＜圖表 2-4

＞的財務資料來做個思考實驗。從一個 ROIC 績效普通水準的產業取
100 家公司，從最賺錢的公司（排序為 1）排序至最不賺錢的公司（排序
100），假設你的公司排名第 75，你努力躍進至排名第 25，在這進步之
下，你的 ROIC 將提高 10.8 個百分點。現在，想像 100 個產業，再度從
最賺錢的產業排序至最不賺錢的產業，若你的公司離開排名第 75 的產
業，進入排名第 25 的產業，你的 ROIC 將只提高 4.5 個百分點。[7] 換言
之，在一個產業內提高獲利力的空間兩倍於跨產業的提高獲利力空間。
從獲利力的立場來看，各產業非常相似，但同一個產業內的公司的獲利
力往往差別很大。

圖表 2-4   2009-2018 年，美國各產業的 ROIC

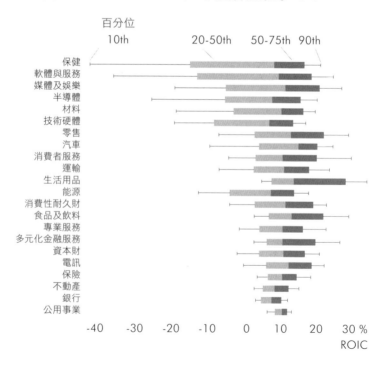

　　雖然，檢視這些獲利力數字頗有趣，但這些數字並未告訴我們公司歷經時日的表現如何。為了解企業能否維持競爭優勢，我挑選 2009 年績效最佳的公司——＜圖表 2-1 ＞中位居前三分之一的公司，追蹤它們逐年的財務績效（參見＜圖表 2-5 ＞）。

　　檢視優異績效者歷經時日的表現，得出一個半滿杯、半空杯的故事。好消息是，最成功的公司持續績效優於其競爭對手，微軟是個好例子，個人電腦問世後過了很久，該公司仍繼續繳出優於平均水準的績效。事實上，過去二十年間，微軟年年名列美國前十大最有價值的公司[8]，2020 年時，投資人的評價讓該公司市值超過 1 兆美元。不過，較黯淡的消息是，如＜圖表 2-5 ＞所示，時間對高績效公司（包括微軟在內）並不仁慈，它們的 ROIC 逐年降低。

　　我和企業主管們討論到這些數字時，少有主管感到驚訝，許多主管

圖表 2-5　2009 年時，S&P500 指數中績效排名前三分之一的公司的歷年 ROIC 變化

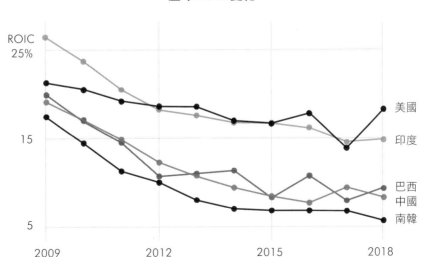

認為，現在遠遠更難維持競爭優勢了。一些主管甚至認為，在美國這種超競爭的經濟體，相當沒必要作長期計畫，他們認為，在穩定的環境中，策略才有用，但現在，若你以為你能成功預期長期的顧客需求、技術突破、和競爭變化，那就太天真了。在超競爭的環境中，企業主管訴諸激進的短期操作，這種做法產生短暫的競爭優勢——若你幸運的話！⑨

　　無疑地，企業主管們的確認為競爭比以往激烈，但這是事實嗎？我們可以檢視不同期間的財務績效下滑速度，以驗證這觀點。＜圖表2-5＞裡的曲線比早期數十年間的相似曲線更陡峭嗎？並沒有。檢視 ROIC 的變化，我沒有發現超競爭的跡象，雖然，領先公司的績效逐年下滑，但現今的這種趨勢並未比早年更嚴重。更詳細的研究也得出相似結論，管理學教授蓋瑞‧麥納瑪拉（Gerry McNamara）和同事保羅‧瓦勒（Paul Vaaler）及辛蒂雅‧迪沃斯（Cynthia Devers）研究高速市場後得出結論：「現今經理人面對的市場變化並未比以往加劇，取得及維持競爭優勢的機會也沒有比以往更難。」⑩

本章結論

　　我希望，看到這些財務績效的概括型態之後，你變得跟我一樣樂觀，幾乎每家公司都有顯著改善績效的可能性。以下是我從探索資料中獲得的洞察：

- **在全球經濟的每一個角落，很容易找到財務績效遠比其他公司成功的公司。**
- **縱使把商業景氣循環和國家環境造成的影響納入考慮後，我們仍然看到在相同產業中的各家公司的獲利力有顯著差距。** 若說領先公司的財務成功提供了什麼啟示，那應該是這個：幾乎每家公司都能做得更好。
- **就算是只有一點點進步，也能產生顯著的財務績效提升。** 在一百家美國公司中排名第 50 的公司若躍進至排名第 40，其 ROIC 將提高 21%。在中國，這家中國公司的 ROIC 將成長 16%。
- **在你的產業內提高財務績效的潛力，通常遠大於進入另一個產業後提高財務績效的潛力。** 在機會之海中，最誘人的前景近在咫尺。
- **資料顯示，長期獲得優異財務績效的困難度並未高於以往。**

　　那麼，是什麼造成財務績效的差異呢？公司該如何做，才能提升財務績效的排名？本書將在後面章節探討一個簡單明瞭的架構，此架構將能有效地指引我們的決策。

第 3 章

思考價值，別只思考獲利

價值來自於差異性

　　想要觀察價值創造，最好的地方莫過於站在一間蘋果商店的門口外面。觀察那些手裡拿著精緻包裝商品、走出蘋果商店的顧客表情，當然，他們為那上乘設計支付了高價格，但看看他們的臉色，散發出得意與期待的神采！或者，登入臉書（Facebook）和 IG（Instagram），你將看到創造價值的其他情況。當你的朋友獲得一份夢寐以求的工作，或是獲得晉升時，看看他們張貼的相片及影片，你將再度看到快樂的表情。

　　蘋果公司靠著提高顧客的支付意願（WTP），在價值桿上端競爭。也有公司提供非常吸引人的工作，降低願售價格（WTS），創造價值，參見＜圖表 3-1 ＞。

　　我們可以把 WTP 和 WTS 想成離開交易談判桌的門檻點。WTP 是顧客對一項產品願意支付的最高價格，賣方多要一分錢，顧客最好別做這筆交易。以蘋果公司為例，許多因素影響 WTP，包括產品特性、品質、產品可能賦予的尊榮感。在價值桿下端，員工 WTS 是一個人願意接受一個特定工作而要求的最低薪酬，低於他的這個 WTS，他將不會接受這個工作。跟 WTP 一樣，許多因素影響 WTS，包括工作性質、工作

圖表3-1 **價值創造模式：提高WTP和降低WTS**

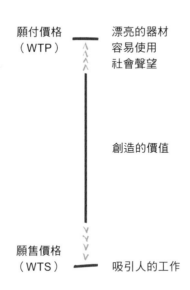

願付價格（WTP） — 漂亮的器材 / 容易使用 / 社會聲望

創造的價值

願售價格（WTS） — 吸引人的工作

強度、職涯發展考量、社會性考量、其他工作機會的吸引度。

價值獲得

公司藉由提高 WTP 和降低 WTS 來創造價值，它們藉由訂定價格及薪酬來獲得價值。一個事業創造的總價值可區分為三塊，如＜圖表 3-2＞所示。

WTP 和價格之間的差距是為顧客創造的價值，蘋果的產品或許昂貴，但顧客對蘋果器材的評價更高，蘋果商店裡那些快樂的顧客臉孔反映了 WTP 超過價格的程度。在價值導向的思維中，價格不是 WTP 的決定因子，我們通常交替使用 WTP 和價格這兩個名詞，但最好是把它們區分開來。

圖表 3-2　與顧客、員工及供應商分享價值

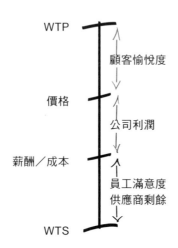

沿著價值桿的下端區塊是一位員工的薪酬和 WTS 之間的差距，**這反映的是他從工作中獲得的滿足**。這其中的概念很簡單明瞭：若薪酬正好等於 WTS，對他而言，這工作與他的下個最佳機會（可能是另一份工作，或是休閒）是無差別的。若公司支付的薪酬高於 WTS，員工滿意度將提高。相似的邏輯也適用於供應商，它們獲得的價值份額是買方公司支付給他們的錢（亦即買方公司的成本）和他們的 WTS 之間的差距，我們可以視之為供應商從交易中賺得的「生產者剩餘」（producer surplus）。舉例而言，一家供應商可能想賺取最低 25% 的利潤，這利潤決定他的 WTS——他願意接受的最低價格，若公司最終支付的價格高於這 WTS，這供應商就賺得一個生產者剩餘。

價值的最後一個部分是**公司的售價和成本之間的差距，歸屬於公司**。回顧第 2 章，我們觀察到的不同公司之間的獲利力有著極大差距，若我們想了解為何一些公司遠比其他公司更賺錢，一個有用的開始點是

去辨識為什麼一些公司的價值桿的這中間段（也就是公司的利潤）比較短，而其他公司的這中間段比較長。

蘋果只需付2% 租金

　　價值桿針對的是特定產品、特定顧客、特定員工及特定供應商，那些喜愛簡潔設計和易用性的顧客對蘋果器材的 WTP 往往較高，蘋果公司在這個顧客群享有一個獨特優勢：它可以同時一舉索取高價格和創造顯著的「顧客愉悅度」（customer delight）。蘋果公司也在一些供應商那邊享有優勢，舉例而言，購物商場給予蘋果公司特殊優惠，該公司支付每平方英呎銷售額的不到 2% 做為租金，一般租戶必須支付 15%。

　　為何商場業主對蘋果公司如此大方呢？如＜圖表 3-3 ＞所示，商場在它們和蘋果公司的關係中有特別低的 WTS：這是因為蘋果公司能為商場裡的所有其他商店提高人流量約 10%[①]，數據顯示，人流量較高的商場能把所有其他商店的租金提高到約銷售額的 15%。

　　從價值桿圖可以看出，公司只有兩條途徑可以創造價值：提高 WTP 或降低 WTS。公司必須用這兩個指標來評估每一種策略行動方案，除非一活動能提高 WTP 或降低 WTS，否則，此活動將不會對公司的競爭地位有所貢獻。我造訪公司時，總是看到活動數量多得驚人，但在此同時，我經常看不出一些行動方案將如何幫助提高 WTP 或降低 WTS。**若你的組織感到過度負荷，若你覺得精疲力竭，這是你削減活動的機會，一項行動方案若無助於提高 WTP 或降低 WTS，就不值得採行。**

▌競爭

　　一家公司創造出高價值後，是什麼讓它能夠拿走這價值中的一部分呢？這可不是一個無疑而問的疑問，美國的保險公司創造高價值，這是

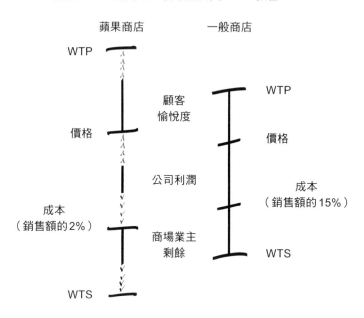

圖表 3-3　蘋果公司受益於高 WTP 和低 WTS

無庸置疑的，但是，如同我們在第 2 章看到的，保險公司從中拿走的價值甚少，大部分價值流向它們的顧客。想了解公司能拿走多少價值，必須考慮競爭情勢。

以三家航班為例

　　想像你打算訂一張從波士頓到洛杉磯的來回機票，智遊網（Expedia）提供各種選項，票價最低的三家航班是美國航空公司（American Airlines）、阿拉斯加航空公司（Alaska Airlines）、以及達美航空公司（Delta Air Lines），它們的價格相似（參見＜圖表 3-4 ＞，達美航空便宜少許）。智遊網對這三家航空公司的評價都是 8.5 分（滿分 10 分），意指你搭乘這三家航空公司的體驗將十分相似。試問，你如何

圖表3-4　航空公司之間的競爭

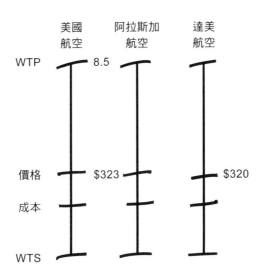

在這三個選項中做出選擇？

　　我相信，在你的選擇中，票價是很重要的決定因素，為什麼？因為沒有其他的考量因素了。三支價值桿愈相似，乘客愈傾向聚焦於價格。事實上，這些航空公司的票價如此接近，並非巧合，在缺乏有意義的差異化之下，三家航空公司被迫在價格上競爭。

　　有時候，我遇到企業人士抱怨他們的顧客價格敏感度，其實，這種高敏感度只不過反映了一家公司的競爭地位。若一家企業的價值桿跟其他企業的價值桿非常相似，你認為顧客會如何選擇呢？他們將聚焦於價格，使得公司承受利潤壓力，降低公司拿走它所創造的價值的能力。

　　反觀那些創造更優異價值的公司，愈能索取較高的價格。智遊網對捷藍航空（JetBlue）往返波士頓與洛杉磯的最便宜航班給予 8.7 分的評價，難怪它的價格比較高（411 美元），乘客預期能獲得比較佳的體驗，

圖表 3-5　WTP 有別，顧客愉悅程度有別

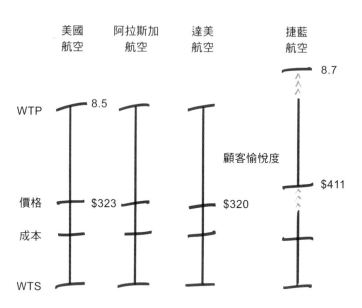

參見＜圖表 3-5 ＞。

　　顧客會選擇捷藍航空嗎？答案不明。若是捷藍航空提供明顯更高的顧客愉悅度，乘客會湧向它；但若美國航空的 WTP 和票價 323 美元之間的差距（亦即美國航空的顧客愉悅度）大於捷藍航空的 WTP 和票價411 美元之間的差距（亦即捷藍航空的顧客愉悅度），美國航空就處於更佳的競爭地位。公司藉由創造更大的顧客愉悅度來競爭更多顧客，許多公司致力於成為同類之最，但是，有較佳的品質和更高的 WTP 未必保證成功，**真正重要的是 WTP 和價格之間的差距，換言之，就是顧客愉悅度。**

▋差異化

　　從上述討論可以看出，**獲得價值的能力取決於創造價值中的差異性**。在追求優異績效時，許多企業主管思考他們該如何做，才能提高公司的報酬，其實，以這個疑問做為起始點是錯的，為了提升財務績效，應該創造差異化價值，這樣，獲利自然隨之而來。未能創造差異化價值，再棒的商業頭腦也產生不了優異績效。**兩支價值桿的相似度愈大，靠價格競爭的壓力愈大**。

　　根據經驗你應該知道，差異化並不容易。當共乘平台 Lyft 在 2018 年末宣布它將以折扣費率載送選民往返投票所時，它的主要競爭對手 Uber 如何反應？想也知道，Uber 仿效 Lyft 的方案。[2] 這種模仿有兩種效應，其一，它為模仿者創造價值；Uber 的領導階層深信，折扣費率是有效的行銷方案。但在此同時，模仿將降低獲得價值的能力，**因為公司彼此之間的相似性愈高，將導致愈大的降價壓力**。

本章結論

　　我詢問那些在他們的企業中採用價值導向策略的主管，他們認為這種思維特別有用之處是什麼，他們通常提出以下幾點：

- **我們生活在一個複雜的世界裡，價值導向策略幫助我們如何創造價值。槓桿只有兩支：WTP 和 WTS。**
- **在競爭中，更高的利潤（以及更高的獲利力）反映的是創造更高的顧客愉悅度、更高的員工滿意度、以及更高的供應商剩餘的能力。先創造價值，再獲得價值。**
- **策略師思考差異性。**優異的產品品質和出眾的工作環境，如果可以被競爭對手輕易地仿效，就無法創造一個持久的競爭優勢。

　　身為主管的你應該思考的一個深層問題是：若你的公司明天消失了，誰會懷念它？也許是那些從你的產品與服務中獲得高度愉悅的顧客？也許是那些喜愛在你的公司工作的員工？或是那些和你的公司有特殊關係的供應商？若無人懷念你的公司，若你公司的價值桿跟其他公司的價值桿太像，那就意味著──你的公司並未創造什麼差異。**沒有什麼差異性的話，你的公司很難賺到大於資本成本的報酬。**

第二部

為「顧客」創造價值

第 4 章

顧客愉悅度

顧客願付價格（銷售量 ≠ WTP）

魔術方塊、降低血液膽固醇的藥物立普妥（Lipitor）、Switch 遊戲機、電玩遊戲超級瑪利歐兄弟（Super Mario Bros.）、豐田卡羅拉（Toyota Corolla）、女神卡卡（Lady Gaga）的「Fame」香水，要問這些東西有什麼共同點？它們全都是一問市就大賣的產品。魔術方塊在問市後的頭兩年賣出 200 萬個，任天堂（Nintendo）的 Switch 遊戲機一週賣出 130 萬台。在它們各自所屬的產品類別中，這些全在史上問市之初最成功的產品之列。

▎為什麼顧客願意付更貴的價格買單？

這些產品及服務的一個共同點是，它們的創造者找到方法去顯著提高顧客的願付價格（**WTP**）。立普妥是史上最暢銷的處方藥之一，它不是第一種降低低密度脂蛋白（LDL，所謂的「壞膽固醇」）的施德丁類藥品，但它的藥效遠優於其他競爭藥品。立普妥的發明人布魯斯·羅斯（Bruce D. Roth）解釋：「立普妥大大地勝過其他施德丁類藥品，最低劑量的立普妥的藥效等同於其他施德丁類藥品最高劑量的藥效。」① 任天堂的超級瑪利歐兄弟的設計師宮本茂（Shigeru Miyamoto）找到方法改變打電玩的體驗，他本身並不是程式設計師，在開發出這款遊戲之前，他就已經相當出名了，但超級瑪利歐兄弟這款新遊戲的推出，締造了大成功。② 《經濟學人》（The Economist）生動地描述：「在絕大多數遊戲的垂直空間為黑色背景的年代，這款遊戲的垂直空間為晴朗的藍天。瑪利歐吃了超級蘑菇後會變大，或變得『超強』，通過綠色水管，從一地走到另一地。『超級瑪利歐兄弟』提供一整個世界讓你探險，到處有背叛的蘑菇（Goomas）、烏龜族士兵（Koopa Troopas）、食人花（Piranha Plants），到處有隱藏磚塊和關卡。這跟人們以往見過的遊戲完全不同。」③

　　如同這些例子所示，有無數的方法可以為產品及服務提高 WTP。我們可以把 WTP 想成一個開放的構成物：**它受到產品效用、它們引起的愉快、它們賦予的地位、它們帶來的樂趣、甚至和產品本身特性無關的社會性考量等等的影響。**女神卡卡的「Fame」香水無疑地很新奇——黑色液體，噴入空氣後，隨即轉化為透明無色，不過，它的成功有部分是因為令人聯想到這位歌星、前途，如同女神卡卡所言，沾上她的香水，將使顧客：「感覺我在妳的皮膚上」。④（順帶一提，這也顯示 WTP 有多麼因人而異，女神卡卡沾上皮膚，這絕對不是人人都想要的感覺。）

聚焦產品跟聚焦WTP，一樣嗎？

　　當然啦，這些有關於提高 WTP 的敘述，都是你已經知道的東西，大家都知道要發展出符合顧客需要的產品與服務。事實上，我認識的公司無一不聲稱它們滿足顧客的需求，以顧客為中心。那麼，這其中有何新意呢？追求提高 WTP 及顧客愉悅度，跟思考打造出很棒的產品與服務，這兩者不是相同的事嗎？

聚焦於產品和聚焦於 WTP，這兩者之間的差別很難辨別、但十分重要。聚焦在產品的經理人會這樣思考：「我要如何賣出更多產品？」；關切 WTP 的經理人想看到顧客鼓掌與喝采，縱使顧客已經購買了，他仍然尋求改善顧客體驗（參見＜圖表 4-1 ＞）。**聚焦在產品的經理人非常了解顧客的購買決策，他們會想盡辦法動搖顧客；關注 WTP 的經理人考慮的是整個顧客旅程，他們尋找在顧客旅程的每一步創造價值的機會。**

幾年前，我接觸到的一位銷售員示範了這種差異性。我打算在一位友人生日那天送花給她，但後來忘記了，幾天後才想起來，打電話去花店訂花。當時是下午，那位銷售員問我，想當天或隔日遞送，我向她坦承我朋友的生日已經過了，請她盡快把花送過去，她的回應令我大出意外：「需要我們為您承擔遲送的責任嗎？」當然，我不想讓她為了我而撒謊，但縱使在這麼簡短的交談中，我也能看出這位銷售員並未把她的工作看成只是賣花而已，她沒有抱持狹隘的產品導向心態，她的工作是提高她的顧客的 WTP。（順帶一提，這故事有個完全預料得到的結局：現在，在這個朋友生日的幾天前，我都會收到這家花店的提醒，我向他們訂花，也許價格會稍高一點，但我從未考慮別家花店。）

基於幾個理由，聚焦於 WTP 的公司將享有長期的競爭優勢。其一，我們信賴為我們的最佳利益著想的公司。其二，這種組織通常更善於辨識創造價值的機會。其三，它們也往往更善於辨認出多種顧客群和中介者的需要，注意哪些情況會提高一顧客群的 WTP、但降低其他顧客群的WTP。最後，顯著提高 WTP 的公司將受益於「擇客效應」（customer selection effect）。下文分別舉例說明這些因素。

在乎顧客的最佳利益：先鋒集團

約翰‧柏格（John C. Bogle）被他大學畢業後第一個任職的威靈頓

圖表 4-1　許多公司更加關注銷售量，而非顧客的 WTP

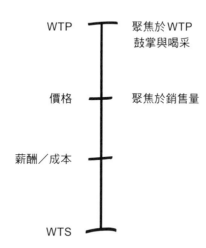

管理公司（Wellington Management Company）解僱後，創辦了現今全球最大的投資公司之一——先鋒集團（The Vanguard Group）。在這個充滿利益衝突的產業（美國政府近年曾估計，證券經紀商為賺取佣金而提供惑人或有欺騙成分的投資建議所導致的投資人損失，每年高達 170 億美元），柏格及先鋒集團被譽為「共同基金投資人的最佳朋友」[5]。柏格回憶：「當時，我們的挑戰是要建立……一種新的、更好的共同基金經營方式……，並且以讓我們的客戶直接受益的方式這麼做。」[6] 在他的領導之下，先鋒集團推出免佣基金（no-load funds），並向個人投資人推出低成本的指數型基金，那是遠在被動型投資（passive investing）流行起來的年代。被動型投資起初被譏諷為「不合美國風格」、「必定只能獲得平庸報酬」，但如今，美國共同基金和指數股票型基金的所有權益資產中，被動型投資佔了近 45%。[7]

在伯格整個職涯中，敢言的柏格批評他所處的產業索取高費率，使用具誤導作用的廣告手法，推出一大堆沒能為投資人創造什麼價值的產品。他在出版於 2010 年的著作《夠了：約翰・柏格談金錢的最佳策略》（*Enough: True Measure of Money, Business, and Life*）中這麼總結先鋒集團的目的和他個人的抱負：「我致力於為我們的公民、投資人提供誠實公正的交易，這奮鬥是正確的，數學上正確，哲學上正確，道德上正確。」柏格總是把客戶的 WTP 和顧客愉悅度擺在第一位，這理念使他得以在一個激烈競爭的產業中建立最成功、而且廣受推崇的公司之一。

嗅聞到新機會：亞馬遜

2000 年代末期，電子閱讀器是很夯的消費性電子產品，2004 年首度問市，僅僅十年，美國就已經有三分之一人口擁有它[8]，一個數十億美元的市場已然誕生。當時，消費性電子產品業巨人索尼公司率先推出電子閱讀器 Librie，制定產業標準的也是索尼，它採用電子墨水——由無數微膠囊組成，微膠囊內含帶正電荷的白粒子和帶負電荷的黑粒子，電場為正時，白粒子向微膠囊頂部移動，呈現白色，電場為負時，黑粒子向微膠囊頂部移動，呈現黑色。Librie 在電子器材上提供空前的閱讀體驗。[9]

亞馬遜渴望進入這個快速成長的市場，但它的前景似乎受限，因為索尼已經採用領先技術，是搶先入市的公司，投入的行銷經費是競爭對手的兩倍。[10] 但是，儘管索尼有這些優勢，亞馬遜最終仍然大大打敗索尼，到了 2012 年時，亞馬遜於 2007 年推出的 Kindle 已經囊括 62% 的市場占有率，而索尼的電子閱讀器市占率僅為 2%。[11] 是什麼造成這樣的大差距呢？無線存取。索尼電子閱讀器的顧客必須把書籍內容下載至他們的個人電腦上（而且是從一個瀏覽非常不便利、可選擇的書籍很有限的線上商店下載），再轉傳至電子閱讀器上。當索尼升級器材，使它們能夠下載 PDF 和 ePub 檔案時，顧客必須把他們的電子閱讀器送到索尼的服務中心去更新韌體。[12] 反觀亞馬遜的 Kindle 則是提供免費的 3G 網際網路存取，這個特色使電子書立馬變成一種衝動購買，Kindle 初上市時，五小時內就售罄。[13]

像索尼這樣聚焦在產品的公司非常注重它們的產品品質，索尼創造一種很棒的閱讀體驗，它知道這在顧客購買新穎器材的決策中是一個重要影響因素。反觀亞馬遜聚焦的是 WTP，在這大信念之下，它在整個顧客旅程中提供便利性。等到索尼開始推出無線存取時，早就已經太遲了，市場已經倒向亞馬遜。

一旦你開始從 WTP 角度去思考，就會時時浮現創造顧客愉悅度的新機會，種種原本你認為「很顯然、不需要說」的決策，將變得不是那麼顯然、毫無疑問。舉例而言，在地鐵站，你會把自動售票機裝設在何處？轉柵出入口前方，抑或月台？這問題似乎太容易了，不能把自動售票機裝設於月台，因為顧客必須先買票，才能通過轉柵出入口，前往月台啊。沒錯！不過，你有沒想過，在兩處都裝設自動售票機，是否能創造更佳的顧客體驗呢？觀察現今排隊買票或儲值的顧客，你會看到忙亂狀況，焦急的乘客大排長龍，全都急著想盡快取得票，以免錯過他們的班車。一旦到了月台，這些顧客就會耐心等候下班車了。在月台裝設一台自動售票機，能夠增加多少價值？顧客會不會因為有機會更善用他們的等候時間而更開心呢？我們能否藉由讓乘客以更從容不迫的方式儲值他們的地鐵卡，以提高 WTP 呢？你很快就會發現，你原本認為擺放自動售票機的「理所當然」位置，變得不是那麼毫無疑問了。仔細注意整個顧客旅程的 WTP，將讓你看出許多提升顧客愉悅度的機會。把自動售票機擺放比起致力於創造優異的顧客體驗，只把自動售票機擺放在轉柵出入口前，想要藉此刺激消費者購買這項產品以提升銷售量，不能算是創造優異的顧客體驗。

圖表 4-2　大胃口垃圾壓縮機——原模型

聚焦最終顧客和中介者的需要：大胃口垃圾桶

　　大胃口公司（Bigbelly）生產太陽能供電的垃圾桶（參見＜圖表 4-2
＞）[14]，這種垃圾桶會自動地壓縮垃圾，當垃圾壓縮機內的垃圾達到必
須清空的量時，它們會自動通知清潔人員前來處理。該公司估計，使用
這種垃圾桶，收集垃圾的人力可以減少達 80%，節省環境衛生局的人員
時間和交通成本。這種垃圾桶也可以終結垃圾桶滿溢的情形。大胃口公
司於 2003 年進入市場時，各地城市爭相訂購，光是費城就訂購了近一
千個。

　　但是安裝後，這種垃圾桶很快出現一個重大缺陷，線上評價絲毫不
亞於現今網路上酸言惡語的尖刻程度。一個還算禮貌的使用者評論：
「〔大胃口垃圾壓縮機〕很快就變得比一般垃圾桶更噁心……，你必須
拉一個手把，才能打開垃圾投入口。想想那骯髒的手把上有多少細菌傳

圖表 4-3　大胃口垃圾壓縮機，加上腳踏板的新模型

過一人又一人（想想都發抖），我想不出有哪種戶外垃圾桶的設計比這更不衛生的了。」[15] 另一個人評論：「我太太只有在手邊有紙巾或紙袋，不會讓皮膚碰觸到手把時，才會去打開那個垃圾桶，……我注意到很多其他人也這麼做。有時候，人們直接把垃圾放在垃圾桶上方，應該是不想去碰觸手把吧，我並不怪他們這麼做，現在的一些垃圾桶看起來真的很髒。」[16]

　　大胃口公司為一個顧客群——環境衛生局——提供一個幾乎完美的解決方案，但沒有注意到第二個顧客群——那些實際使用垃圾桶的人。看到對大胃口垃圾壓縮機的負評，費城市政府要求該公司免費更換該市購買的四分之一垃圾桶，並發展一個改良設計。[17] 所幸，大胃口公司找到一個簡單明瞭、但有效的解決方案：在垃圾桶下方加上一個腳踏板，創造人們喜歡的傳統垃圾桶提供的免用手體驗（參見＜圖表 4-3 ＞）。[18]

你很自然地會把公司的顧客視為付錢購買產品、服務的組織及個人，因此，大胃口公司聚焦於環境衛生局，就如同保險公司聚焦於保險經紀人，消費性產品公司則是聚焦於和超市密切合作，在這些情況中，公司沒有直接接觸最終顧客。那些只聚焦銷售量和付款人的公司太容易忽略它們最終服務的顧客，反觀那些聚焦於更概括指標——中介者和最終顧客的 WTP——的組織，通常會獲得競爭優勢。

錯過WTP時，也錯過谷歌

事實上，若經理人全都聚焦於 WTP，我就沒有下面這個故事可以講述了。1997 年，兩個聰穎、但沒有經驗的研究所學生造訪入口網站公司 Excite，當時，該公司已經打造出一款熱門的網際網路搜尋引擎。這兩個研究生和 Excite 的執行長喬治・貝爾（George Bell）會面 [19]，想以 160 萬美元的價格，把他們設計的搜尋引擎「Backrub」賣給該公司。為展示 Backrub 的優越性，他們在兩部搜尋引擎上執行「internet」這個字的搜尋，Excite 的搜尋引擎首先呈現的搜尋結果是中文網頁，英文字「internet」突兀地夾在一堆中文字裡。而 Backrub 呈現的搜尋結果就是使用者可能感興趣的連結。

貝爾對 Backrub 感到興奮嗎？完全不。他認為 Backrub 太好了！你要知道，Excite 的事業模式是廣告，因此，使用者在 Excite 的網站上停留得愈久，他們更常再返回，該公司賺的錢就更多。在貝爾看來，搜尋引擎提供切要的搜尋結果，快速地把使用者送往別處，這是很糟糕的。貝爾解釋，為了提高營收，他希望 Excite 的搜尋引擎達到別的搜尋引擎的 80% 好就行了。當然，你已經猜到了，這筆 Backrub 的交易並未談成，那兩個研究所學生是谷歌（Google）的創辦人謝爾蓋・布林（Sergey Brin）和賴利・佩吉（Larry Page）。想像若你當年用極小的一筆錢買了谷歌，而它現在的市值超過 1 兆美元！

商業模式是公司獲取價值的方式，但是，若沒有創造價值，談如何獲得價值就沒有意義了。更糟的是，執著於事業模式，很可能會破壞價值創造，如同前述谷歌的故事。從二十世紀的太陽神卡特爾壟斷聯盟（Phoebus cartel，多家公司聯合起來，故意把燈泡壽命限制在不得超過 1,000 小時），到現今的墨水匣（當只有一種顏色的墨水量低於一定量時，智慧型晶片就會使任何顏色的墨水匣無法列印），歷史提供無數公司增加獲得價值的能力、卻犧牲創造價值的例子。歷史通常對那些訴諸這種策略的公司不仁慈，我們對此感到欣慰，這有錯嗎？現在誰還記得 Excite 呢？

找到更適合的顧客：探索保險

聚焦於 WTP 的公司之所以會獲得較佳績效的另一個原因是，它們因此得以服務「合適」的顧客。視你的公司如何提高 WTP 而定，特定顧客群將會格外受到你的產品吸引。南非的壽險暨健康保險業者探索有限公司（Discovery Limited）的抱負是改善顧客的健康[20]，它的「活力專案」（Vitality Program）為會員提供優惠價格的健身房；會員使用穿戴式器材追蹤自己的運動情況，並可藉此賺取 Vitality 紅利積點；這專案甚至和超市合作，為會員供應更健康的食品。擁有數百萬名會員的探索活力專案自詡為：「舉世最大的行為改變平台」，探索保險公司的創辦人暨執行長阿德里安・高爾（Adrian Gore）解釋：「它的優點在於分享它創造的價值，……給我們的顧客一個變得更健康的誘因，……，我們則是能做更好的精算及提高獲利力。」[21] 在探索保險公司的成功中，擇客效應很重要，該公司為注重健康的個人提高 WTP，在 WTP 方面具有顯著優勢之下，你將得以服務那些對你的價值主張特別感興趣的顧客（而且往往是以較低成本服務他們）。

▍以 WTP 做為你的北極星

　　產品導向心態主要追求的是銷售量，這種心態和聚焦於 WTP 的心態的差別起初看起來很細微，但是，從先鋒集團、Kindle、大胃口公司、以及探索保險公司的故事可以看出，**從顧客的 WTP 這面透鏡去看世界，可以帶來明顯優勢。**

　　認真看待創造價值，能帶來顯著的策略性成果。哈薩克的金融科技公司卡斯比（Kaspi.kz）放棄它欣欣向榮的信用卡業務，因為它無法找到為其顧客創造顯著價值的方法，該公司的董事會主席米海爾·羅姆塔茲（Mikhail Lomtadze）解釋：「我做管理經營簡報，說明我們花多少時間賺 1 億美元，起初是 18 個月，很快變成 12 個月，然後是 6 個月，這是我們的指標。我大力提倡效率及獲利力的概念，……，但是，我們最終落入大多數金融服務業者落入的處境——顧客討厭我們。」[22] 卡斯比從信用卡業務轉向看似平庸乏味的帳單支付業務，在哈薩克的經濟體系中，這一直是個嚴重的痛點，「有一個關於俄羅斯的一所大學的著名故事」，羅姆塔茲說：「他們先蓋樓，但沒有在校園裡鋪路，而是讓人們自己找路，等到人們的步徑形成後，他們才在這些已形成的步徑上鋪上水泥。我們就是這麼思考我們的流程。」有了一個受到喜愛的帳單支付服務做為核心後，股東包括高盛集團（Goldman Sachs）在內的卡斯比後來建立一個如今價值數十億美元的產品生態系。從信用卡業務中學到「創造價值」和「獲得價值」這兩者的區別後，卡斯比再也不忽視顧客的 WTP。

▍鞏固它

　　縱使在文化堅定聚焦於顧客 WTP 的組織中，建立經常提醒人人聚焦於 WTP 的實際做法上，也很有幫助。你可以想成在冰箱上貼便利貼的提醒，你知道你家需要買一瓶鮮奶，冰箱上的便利貼具有提醒作用。在哈佛商學院，幾乎每週和每場重要的會議中都會有人提到哈佛商學院的使命，當然了，大家都知道這項使命，有人可能會覺得這些一再提及是過度複述，但是聽到學院使命再一次被提及，談話往往改變調性，彷彿被施了魔法似的。

　　亞馬遜很出名的一點是，它有一套實際做法鼓勵組織站在 WTP 的角度思考。在亞馬遜會議中，總是有一張空椅子，它是為顧客保留的，提醒著會議是為了顧客而開。[23] 亞馬遜的經理人建立一種新服務時，他們首先撰寫一份內部新聞稿，宣布推出這項（其實還不存在的）服務。[24]我們來看看亞馬遜網路服務（AWS）的執行長安迪・賈西（Andy Jassy）為亞馬遜的 S3 儲存服務撰寫的內部新聞稿[25]（附帶一提，這是賈西撰寫的第 31 份稿子）[26]：

亞馬遜網路服務推出新服務

　　西雅圖──（商業資訊）──2006 年 3 月 14 日──S3 為應用程式介面提供很低成本、高度可擴充、可靠、低延遲的儲存功能。

　　亞馬遜網路服務公司今天宣布推出「Amazon S3」，這是一種簡單的儲存服務，為軟體開發者提供一種很低成本、高度可擴充、可靠、低延遲的資料儲存基礎設施。Amazon S3 今天就上線，顧客可以在以下網址取得這項服務：http://aws.amazon.com/s3。

　　Amazon S3 是線上儲存，旨在使網路規模（web-scale）的電腦運算，對軟體開發者而言變得更容易。Amazon S3 提供簡單的網路服務介面，可用在任何時候、從網路上任何地點儲存和檢索任何數量的資料，它讓軟體開發者能夠使用相同於亞馬遜用來運轉自己的全球網站網絡的高度可擴充、可靠、快速、成本低廉的資料儲存基礎設施。這項服務的目的是使規模的效益最大化，並且把這些益處交給軟體開發者。

　　這個被亞馬遜稱為「**逆向工作法**」（**working backwards**）的實際做法鼓勵員工先決定一個目標顧客群，然後敘述新服務對此目標顧客群的吸引力。[27] 這種做法迫使他們使用顧客能了解的語言，該公司的前總經理伊安‧麥克阿里斯特（Ian McAllister）解釋：「若顧客對那些列出來的益處不是很感興趣或不太興奮，或許它們的確不是誘人的益處（那就不該打造這產品）。產品經理應該持續迭代內部新聞稿，直到他們敘述的產品益處聽起來真的像益處。迭代內部新聞稿比迭代產品本身要便宜很多，而且更快速！」[28]

本章結論

　　如本章闡釋，以 WTP 為策略核心的公司將會找到大量機會。這個概念非常簡單明瞭——提高顧客願意為你的產品支付的最高價格，但應用這麼簡單明瞭的概念，能產生的機會卻是非常多。當你開始使用價值桿和 WTP 來研擬你公司的策略時，切記以下幾點：

- **聚焦於銷售量的心態很可能會忽視提高顧客 WTP 的機會。** 在聚焦於產品的組織中，你必須提高交易量，才會成功。把透鏡瞄準 WTP 的組織將發現大量創造價值的途徑，它們通常因為這點而更成功。

- **執著於事業模式——亦即獲得價值的方式，特別危險，因為獲得價值是一種零和賽局：** 打從一開始，你就接受你的成功將使顧客的境況變差。

- **互依性是一種法則，不是例外。** WTP、價格、成本、以及願售價格（WTS），全都相互關連，當你提高 WTP，構成價值桿的其他元素也會隨之變動。蘋果產品的 WTP 非常高，但蘋果公司以額外成本來提高 WTP。WTP 雖可做為一個策略指引，但別單獨考慮 WTP，切記第 3 章提供的一個洞察：最終促成策略性成功的是提高顧客愉悅度，不是 WTP 本身。

- **最優秀並不代表獲勝。** 公司藉由提供更高的顧客愉悅度來競爭，推出市場上最佳品質的產品或成為最受景仰的組織，並不是成功的保證。就算是中等水準的產品，也能以非凡方式

圖表4-4　1966年可的豐田卡羅拉（左）及1966年的龐帝克邦尼維爾（右）

愉悅顧客。名列我的「出色產品問市」榜單的豐田卡羅拉就是一個好例子，從各方面來看，最早於1966年推出的卡羅拉都是一款普通車，為了提高它的吸引力及提高WTP，卡羅拉的設計師長谷川龍雄（Tatsuo Hasegawa）為駕駛人提供種種優異性：獨立的桶形座椅，帥氣的鑲地式排擋桿，車前燈鋁框（參見＜圖表4-4＞）。[29] 但是，在1960年代末期，沒人會把卡羅拉列為有高WTP的酷車，畢竟，有龐帝克邦尼維爾（Pontiac Bonneville），誰會開卡羅拉呢？那麼，卡羅拉是如何賣得比邦尼維爾好的呢？顧客愉悅度！432,000日圓（1966年時1,200美元，現在幣值的9,560美元）的售價，太便宜了！卡羅拉於1960年代末期在美國市場上推出時，顧客發現這款車是如此的簡單、可靠，卡羅拉很快成為首次買車者和購買第二輛車的中產階級美國人特別喜愛的車款。

㉚ 豐田並不是靠著 WTP 擊敗美國車品牌而在北美市場建立灘頭堡，它在顧客愉悅度方面做得最好。

• 關於顧客愉悅度，企業主管們最喜歡的是這個：它具有高度感染力。巴西的 Nubank——舉世最大的獨立數位銀行——的執行長大衛‧維瑞茲（David Vélez）最有此感觸，Nubank 每天贏得超過 4 萬名顧客，其中 80% 是因為既有顧客的口碑推薦而來，「Nubank 沒花半毛錢在獲得顧客上」，維瑞茲說。㉛ 當這家新創銀行在 2020 年宣布在墨西哥推出信用卡時，3 萬人加入排隊行列。Nubank 的祕訣是什麼？「我們希望顧客瘋狂地喜愛我們」，該公司說。㉜

第 5 章

顯而不易見的顧客

發掘隱藏的寶藏

2000 年代初期，eBay 的執行長梅格・惠特曼（Meg Whitman）興奮看待公司在欣欣向榮的中國市場上的前景：「我們認為中國有巨大的長期潛力，我們想盡我們的一切所能，保持我們的第一名地位……。十到十五年後，中國可能是 eBay 的全球的最大市場。」① 惠特曼的這股熱情不太能理解。2002 年時，eBay 已經透過投資 3,000 萬美元在中國的易趣網（EachNet），進軍中國市場，這是由兩名哈佛商學院校友——譚海音及邵亦波——共同創辦的 C2C 網站。一年後，eBay 完全收購易趣網，該公司的前景看起來非常光明，它握有 85% 的市場占有率，62% 的顧客表示對該公司的服務很滿意或滿意。② 雖然，線上購物在當時仍然是新穎之事，市場潛力龐大。到了 2004 年，中國已有 9,000 萬個網際網路用戶，其中近半數用戶有寬頻。

▌瞄準近在咫尺的顧客：淘寶

阿里巴巴集團創辦人馬雲在 2003 年創立一個小型新創事業淘寶網。

阿里巴巴本身是個幫助中國的中小企業在線上賣產品以及出口至遠方市場的 B2B 事業，馬雲擔心 eBay 的活躍使用者——它的強大賣家——最終將會和阿里巴巴競爭，因此創立淘寶網，意圖藉此延緩 eBay 的竄升。但是，淘寶並非搶走 eBay 的現有顧客——由於 eBay 的表現出色，想搶走它的既有顧客，恐怕不易，因此，**淘寶聚焦於另一個不同的顧客區隔：近在咫尺的顧客——喜歡線上購物這個概念、但對這種新購物方式仍有所擔心而不敢實際購買的消費者。**

淘寶所做的一切都是瞄準這些近在咫尺的顧客。該網站提供名為「支付寶」的信託付款服務，只有在賣家確實出貨、顧客收到貨品後，支付寶才把顧客的付款轉給賣家。阿里巴巴當時的國際企業事務副總波特・埃里斯曼（Porter Erisman）解釋：「支付寶對於淘寶的發展扮演重要角色。縱使買家看到一個賣家有高評價，欠缺信賴仍然會構成一大挑戰，支付寶消除交割風險。付款機制本身不重要，在中國，付款很容易，但是，銀行無法解決交割風險，這就是支付寶扮演的角色。」③第二個重要特色是即時通服務「阿里旺旺」，讓猶豫的買家可以和賣家交談或討價還價。淘寶網站的設計起初是完全照抄 eBay 的美國網站，最終變成像實體百貨公司，使顧客在熟悉的環境中感到自在。淘寶也要求賣家使用他們的國民身分證在該網站上註冊，讓買家能夠確信網站知道賣家的真實身份。**eBay 瞄準對科技嫻熟的線上購物模式早期採用者，淘寶則是聚焦於近在咫尺、但尚未進入線上購物市場的顧客區隔。**

結果，淘寶的近在咫尺的顧客群成長速度遠快於 eBay 的顧客群，到了 2007 年，eBay 的市場占有率已經下滑至 7%，淘寶則是囊括了 84% 的市場占有率。市場龍頭地位的希望破滅後，eBay 在 2006 年放棄中國市場。

我不懷疑你的公司非常熟悉顧客，每個成功的事業都如此。網際網路讓企業有能力追蹤顧客的每一步，對它們服務的人們有深入了解。你可能也對你的對手公司的顧客有相當的了解，競爭情報尤其能讓你對整

圖表 5-1　近在咫尺的顧客

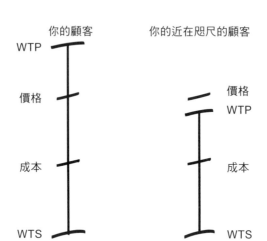

個市場有良好的了解，包括在別處購買的那些潛在顧客。但是，你對那些目前尚未在你的市場中活動的個人（或企業）有多少了解呢？他們真的永遠不會購買你的產品嗎？也許，你離把他們轉變成你的顧客只差一小步（參見＜圖表 5-1 ＞）？

▌發掘從未瞄準的顧客：美國的人壽保險產業

多數經理人極少注意目前不在市場上的消費者，通常的思維是，一旦定義了可觸及市場，何必浪費時間去追逐不可能的顧客？但是，如同淘寶的成功故事展現出來的是，誘人的商機可能顯而不易見，我們往往忽視近在咫尺的顧客區隔。這些區隔可能看似無法滲透，原因之一是嚴重的錯誤認知。願付價格（WTP）和顧客愉悅度反映的是看法與印象，不是事實與數字，若近在咫尺的顧客抱持被誤導的觀點，就難以看出他

圖表 5-2　美國人壽保險市場的滲透率情形

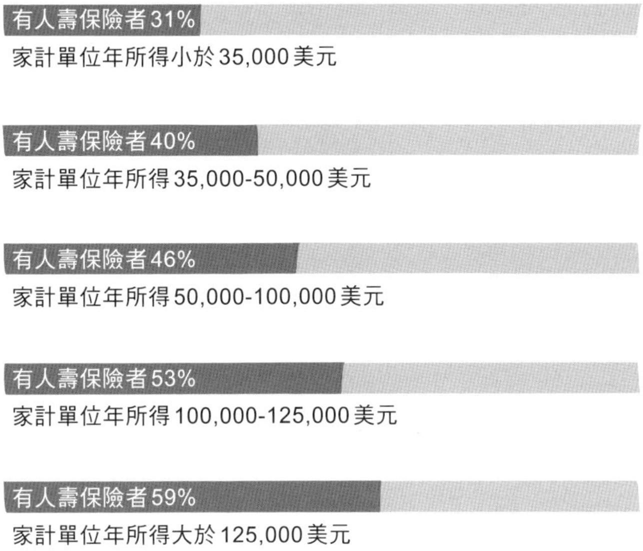

有人壽保險者 31%
家計單位年所得小於 35,000 美元

有人壽保險者 40%
家計單位年所得 35,000-50,000 美元

有人壽保險者 46%
家計單位年所得 50,000-100,000 美元

有人壽保險者 53%
家計單位年所得 100,000-125,000 美元

有人壽保險者 59%
家計單位年所得大於 125,000 美元

們對一項產品或服務的真正需求。以人壽保險為例，在美國，有大區隔的人口沒有購買人壽保險，很多人很自然地猜想，顧客與非顧客的區分主要是所得水準造成的，雖然，這有部分是事實，但真相更為複雜，參見＜圖表 5-2 ＞[④]。

　　縱使年所得大於 125,000 美元的家計單位當中，也有 41% 未購買人壽保險，錯誤認知往往是根本原因，例如，44% 的千禧世代和總人口的四分之一以為，三十歲的健康者購買人壽保險的每年保費超過 1,000 美元（實際上，每年保費為 160 美元）。平均每十個千禧世代有近四人以為他們沒資格購買人壽保險（但事實上，較年輕的人非常可能有資格購買）；超過 50% 的人說他們不知道該購買什麼類型的人壽保險，或是不知道該買多少。[⑤] 諸如此類的錯誤認知很容易形成一個惡性循環：若近

圖表5-3　顧客和近在咫尺的顧客

在咫尺的顧客表現得不感興趣，行銷活動和銷售員就不太可能針對他們推銷，於是，錯誤認知就持續存在。事實上，絕大多數不甚了解人壽保險的人說，從未有保險公司接觸他們。

　　當然啦，並非每一個目前不在市場中的顧客都是誘人的目標，你可以用一個連續帶來呈現，一個極端是那些永遠不會購買你的產品的人，另一個極端是最忠誠的顧客群，參見〈圖表 5-3 〉。

　　近在咫尺的顧客是那些 WTP 相當接近做出購買所需的價格水準的人，了解這群人的 WTP，可以揭露可觀商機。**你應該思考：為何你的近在咫尺的顧客目前沒有在你的產品所屬的市場上活動？他們是否對你的產品或這類產品的價值有錯誤認知？你可以如何調整你的產品，以提高他們的 WTP，把他們變成購買者？**

　　研究顧客旅程往往能發現近在咫尺的顧客未購買的原因，例如，了解人們放棄線上購物車的原因，往往可以看出多種提高 WTP 的方法。如〈圖表 5-4 〉所示，就算是「系統自動填入收件人地址資訊」這麼一個簡單的功能，可能就會造成大不同。[6]

圖表 5-4　線上購物者放棄購物車的主因

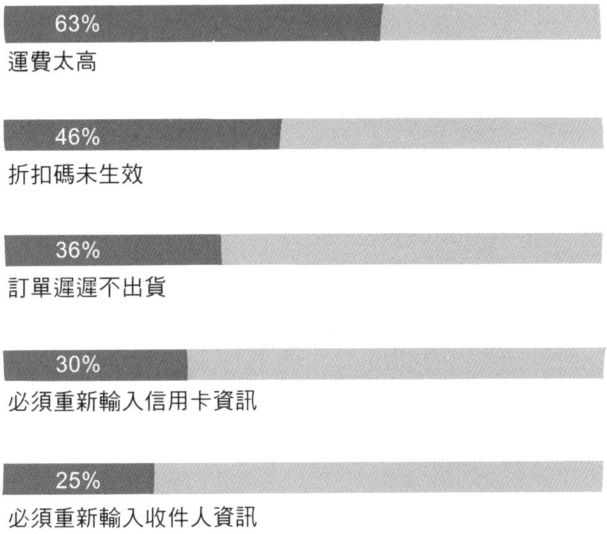

63% 運費太高	
46% 折扣碼未生效	
36% 訂單遲遲不出貨	
30% 必須重新輸入信用卡資訊	
25% 必須重新輸入收件人資訊	

▎提供更少，反而勝出：海爾的葡萄酒櫃

　　＜圖表 5-4 ＞也顯示，服務近在咫尺的顧客可能複雜且昂貴，舉例而言，快速出貨和信用卡資訊的安全儲存，這些當然不是小事。不過，更普遍的觀念認為迎合近在咫尺的顧客的需求與喜好必然是複雜且昂貴的，這種觀念是錯的。以葡萄酒儲藏櫃市場為例，由一群葡萄酒熱愛者創立於 1976 年的法國公司 EuroCave 是葡萄酒儲藏櫃的知名製造商，它生產的儲藏櫃可不是普通的儲藏櫃，它們有高精確度的感應器確保完美的溫度，有溼度控制器防止軟木塞乾掉，有熱障塗層提供如同兩公尺泥土所能達到的隔絕作用。

　　當中國的家電製造商海爾集團（Haier）進入葡萄酒儲藏櫃市場時，專家和葡萄酒迷抱持懷疑態度，海爾的產品能夠符合長期儲藏的嚴格要求嗎？初期，海爾的產品的確不符合，一個失望的顧客如此評價：「使用海爾的儲藏櫃約四年後，我收藏的全部葡萄酒都損失了。為什麼？振動。我取出一瓶又一瓶的葡萄酒，發現它們全都變質了，我開始調查原因。起初，我以為是溫度變化，或是上色的玻璃可能不抗紫外線。但當我測試振動時，答案終於揭曉，儲藏櫃內部有大量振動。我損失了60多瓶高價葡萄酒，奉勸大家，別犯相同的錯。」[7]

後續測試顯示，EuroCave 的儲藏櫃的振動程度比其他競爭產品低六倍。不過，令許多人意外的是，海爾的葡萄酒儲藏櫃後來獲得顯著的商業成功，該公司在葡萄酒儲藏櫃和散熱架市場的占有率現在接近 20%。[*] 誰會購買振動得厲害、會導致昂貴藏酒變質的儲藏櫃呢？

事後來看，答案很簡單：海爾的產品迎合那些快速把酒喝完的顧客。EuroCave 的儲藏櫃適合收藏家，它們提供的昂貴性能對那些非收藏家級的消費者而言沒什麼價值。縱使在人均儲藏 68 瓶葡萄酒的法國，超過 40% 的葡萄酒在短期內被喝掉[8]，在葡萄酒陳化較不普遍的其他國家，這類近在咫尺的顧客的商機更大。我們的直覺往往使我們相信我們必須提供更多，才能贏得近在咫尺的顧客，但海爾（以及許多其他公司）反倒靠著提供更少而勝出。

---

[*] 海爾生產壓縮機型儲藏櫃，以及使用熱電製冷器的較小型儲藏櫃，後者達到長期儲藏葡萄酒所需要的較低溫度的性能比較有限。

本章結論

當你想要贏得近在咫尺的顧客時，思考以下問題：

- **你是否深入了解一些個人不考慮你的產品或服務的原因？** 近在咫尺的顧客可能代表一個顯著商機，但他們很容易被忽視，因為可觸及市場的分析和現有的行銷方案通常沒有提供關於這些顧客群的資訊。

- **是否有刻板印象導致你的組織未去更加了解近在咫尺的顧客？** 組織對這些顧客群常抱持不正確看法，這很容易導致它們未能看出近在咫尺的顧客的商業潛力。[9]

- **你是否假定服務近在咫尺的顧客將需要對產品或服務做出大投資？** 如同海爾集團的例子所示，提供更少也可能具有吸引力。切記，近在咫尺的顧客是你的產品類別及品牌的新客，保持簡單明瞭通常是一個優勢。[10]

- **你的獎勵制度是否不鼓勵和近在咫尺的顧客互動？** 若組織側重快速致勝，就會以當期成功為導向，但探索近在咫尺的顧客商機是一種投資。獎勵制度將左右你的組織如何對這些考量做出取捨。

第 6 章

「互補品」才是致勝關鍵

為商品加分

設若你計畫一趟前往巴黎的旅程，想去一家很棒的餐廳吃頓晚餐，你如何知道選哪家餐廳？詢問朋友？查詢歐洲／法國餐廳搜尋訂位應用程式 LaFourchette 或法國美食情報誌 Le Fooding ？瀏覽 Tripadvisor 或 Eater? 若你對最佳餐廳感興趣，你可能會詢問一家汽車輪胎製造商，沒錯，汽車輪胎製造商！當然，我指的是米其林（Michelin）和它著名的餐廳指南。不過，你不覺得很奇怪嗎？一家生產汽車輪胎的公司，怎麼會推出一個具有影響力的餐廳評比制？米其林怎麼會有餐廳指南？

▋從輪胎到美食指南的米其林

想知道答案，我們得回到過去，在 1891 年的一個溫暖夏日，訪談米其林兩兄弟愛德華・米其林（Édouard Michelin）和安德烈（André Michelin）。[1] 他們的一個顧客格蘭德・皮耶（Grand Pierre）把他的腳蹬兩輪車推進愛德華位於法國中部克萊蒙費朗市（Clermont-Ferrand）的修車舖，舖裡有一些備胎存貨，但米其林兩兄弟對輪胎或輪胎業務所知不多，米其林當時生產的唯一橡膠產品是馬車車廂的煞車制動片。檢查了這輛腳蹬兩輪車後，他們很快發現它使用的是英國發明的最新式充氣式輪胎，十九世紀時糟糕的道路狀況使充氣式輪胎應運而生，這種輪胎使一個夢想成真——因為它們具有避震緩衝效果，讓騎士更加舒適，但在此同時，也衍生出一個夢魘——這類輪胎經常爆胎！

　　大出愛德華意料之外的是，為格蘭德·皮耶的這輛腳蹬兩輪車更換輪胎是個大工程，他的一群技工花了很多小時更換這些輪胎，因為它們膠合於車輪的木質框上。愛德華把這輛車留在車庫裡一晚，因為需要時間晾乾黏膠，然後，出於好奇騎充氣輪胎的感受，他在翌日騎這輛車出去轉轉，但幾分鐘後，他返回修車舖，因為輪胎又爆胎了。回顧這經驗，愛德華說他學到兩點：「其一，輪胎是未來；其二，格蘭德·皮耶的輪胎是糟透的下品。」充氣式輪胎將被廣為使用，他告訴他的首席工程師：「但我們得在不找專業技師，可以在十五分鐘內更換一個內部橡膠圈的方法。」[2]

　　他們最終成功做到，米其林對新興的充氣輪胎產業做出的第一個貢獻是一種產品設計：用螺絲來固定輪胎，取代黏膠，把更換輪胎所需花費的時間從幾小時縮短至幾分鐘。為推廣他們的新產品，米其林兄弟籌辦了一場從巴黎到克萊蒙費朗的自行車賽，愛德華在尼維爾市（Nevers）外的路上布滿了很多釘子，好讓騎士有機會體驗更換一個爆胎的米其林輪胎有多容易。[3] 兩兄弟在一份著名的運動雜誌上解釋：「我們希望，這次比賽後，不會再有人告訴我們，釘子是輪胎無法克服的障礙，至少，對充氣式米其林輪胎而言不是。」[4]

　　時機對米其林兄弟再幸運不過了，不僅充氣輪胎已經在自行車騎士間已經變得流行起來，該公司也發現，早期的汽車熱愛人士也成為高度興趣的顧客。到了 1898 年，米其林已經成為當時許多知名的汽車製造商的獨家供應商，這些汽車製造商包括里昂伯雷（Léon Bollé）、德迪翁

布通（De Dion-Bouton）、寶獅（Peugeot）、龐阿爾（Panhard et
Levassor）。不過，米其林兄弟面臨一個重大挑戰，當時，汽車市場還很
小，限制了該公司的成長前景。在當時，開汽車主要被視為一種運動，
汽車提供刺激的比賽，不是用來載送人或貨物的。1900 年時，法國只有
5,600 位汽車駕駛人（但有 619 家公司建造汽車）。手工打造的汽車是有
錢人的一種愛好，還不是一個大眾市場。面對有限的需求，米其林兄弟
致力於鼓勵開車，拓展汽車的使用，因此產生了現今著名的「米其林指
南」的發行構想。米其林指南最早於 1900 年出版時，內含數百幅地圖，
米其林兄弟認知到，若駕駛人知道去往何處，以及如何沿路享受美食，
汽車就會變得更加實用。⑤

為了另一項產品提高 WTP 的其他產品與服務，稱為互補品，這些
很容易被忽略的幫手大大貢獻於幾乎每一種問世的產品的 WTP。想想汽
車的種種互補品，沒有它們，汽車的價值將遠遠更低：道路、停車場、
加油站、修車店、GPS、駕駛訓練班等等，參見＜圖表 6-1 ＞。

米其林指南的目的是提供有關於汽車及輪胎的可得性和互補品價格
的廣泛資訊，它內含的地圖顯示鋪設的道路（指出「枯燥乏味」的路線，
以及風景如畫的路線）；哪裡有加油站（1900 年時，全法國有銷售汽油
的商店不到 4,000 家，其中許多是藥房）；如何找到充電站（當時的汽
車電池必須經常充電）；何處能吃得好（因此有星星評價！）及過夜。
米其林也遊說政府設立路標──汽車的另一種互補品，該公司員工還自
行去裝設一些路標。⑥

互補品能提高WTP

互補品的重要性，再怎麼評估，都不會高估，沒有它們，許多產品
及服務的 WTP 將遠遠更低，有時甚至為零。**智慧型手機與應用程式、
印表機與墨水匣／碳粉匣、咖啡機與膠囊咖啡、電子書與平板器材、刮**

圖表6-1　汽車的互補品

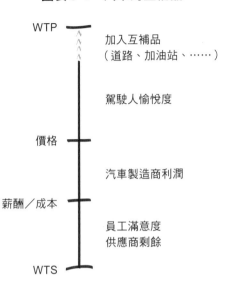

鬍刀與刀片、涼鞋與修趾甲術、電動車與充電站、湯與碗、洋芋片與莎莎醬、左腳鞋與右腳鞋、第二支筷子，……，**互補品無處不在**。在愛德華・米其林的想像中，就連釘子都算是充氣輪胎的一種互補品。*想想你的事業，哪些互補品能為你的產品及服務提高 WTP ？

　　米其林進入一個看似無關的產業——旅遊指南，其實並不是很不尋常，因為這產業產生一種互補品。為何推出 Kindle 的是亞馬遜，而不是一家以消費性電子產品聞名的公司呢？（因為亞馬遜想為電子書提高WTP。）為何是阿里巴巴推出支付寶，而不是一家金融服務公司推出？

---

*釘子的用處通常較不被注意與覺察，通常，釘子降低輪胎的 WTP，但是，對易於更換的米其林輪胎，釘子較不會降低其 WTP，這對該公司構成一種競爭優勢。

（因為信託付款服務建立信賴度，可以提高買家在平台上交易的WTP。）為何微軟投資於麥塊（Minecraft）遊戲，而不是一家娛樂公司做出此投資？（因為微軟想提高其虛擬實境耳機的WTP。）為何當肯甜甜圈連鎖店（Dunkin' Donuts）賣咖啡？（你說對了！）

若互補品專門為你的產品提高WTP，那就特別給力了。蘋果公司的FaceTime應用程式提高iPhone的WTP，但不提高安卓（Android）手機的WTP，這為蘋果創造一個優勢。Nespresso膠囊咖啡只增進Nespresso相容咖啡機的價值，特斯拉超級充電站（Tesla Superchargers）只為特斯拉車供應電力[*⑦]。這種排他性有兩個效應：它為特定一家公司的產品提高WTP——特斯拉車駕駛人受益於廣大的充電站網絡，但它也減緩電池動力車廣為採用的普及率。反觀米其林指南則是使每一個輪胎生產商受益，在握有近70%的市場占有率之下，米其林有最強烈的動機去生產這項互補品，但與米其林最接近的競爭者登祿普（Dunlop）及馬牌（Continental）也受益於米其林指南。**排他性決策對新興產業及產品類別尤其重要**，想想看，你的公司如何最能受益，若你想壯大這個產品類別——一人得道，雞犬升天，那麼，非專有性、產業層級的互補品最符合你的需求；但若你的目標是取得市場占有率，那麼，專有性互補品比較給力。

以分享價值來創造價值，Interswitch

你的公司選擇這後者嗎？若是，請留意那些藉由打破排他性及創造全產業用互補品以創造價值的創業家。舉例而言，奈及利亞的數位支付

---

* 編按：特斯拉於2023年5月宣布，其超級充電樁將提供給福特、通用、Rivian、Volvo等四家車商旗下電動車使用。

服務公司 Interswitch 如今是非洲價值最高的金融科技公司之一，它創立的業務是連結自動櫃員機和各家銀行的銷售點，讓人們更便利於存取自己的帳戶，這創造出相當大的顧客愉悅度，他們不再需要攜帶大量現金。互連的自動櫃員機也促進人們對銀行服務的需求，對銀行的獲利力做出貢獻。[8] 不過，不是每家銀行的受益程度都相同，一旦自動櫃員機變得可互替，那些擁有最大數量自動櫃員機的金融機構就會失去原先這部分的競爭優勢。那麼，Interswitch 創辦人米契爾‧艾雷比（Mitchell Elegbe）如何說服金融業的大咖加入他的網絡呢？靠的是分享他創造的價值：「雖然，Interswitch 是我的創意，但我放棄部分所有權」，他說：「看到願景實現，比擁有整個組織更為重要。」[9]

米契爾的故事表示，互補品並不是新現象，但在過去數十年間，公司已經變得愈來愈善於透過互補品來創造價值。本章接下來的內容將敘述：**最優秀的公司如何發現、訂價、及衡量互補品效應。**

▍發現互補品

學者及專家經常建議公司聚焦於有限種類的產品與服務，一般來說，這是好建議，精通新活動並不容易，和那些具備專門知識的公司合作，往往勝過自家生產。不過，絕對不能因為聚焦而忽視那些幫助提高你的產品的 WTP 的因素。我們在第 4 章看到亞馬遜藉著在 Kindle 中加入無線下載能力，因此在電子閱讀器市場上擊敗索尼。我在前文中鼓勵別聚焦在既有產品的銷售量，而是聚焦在顧客的 WTP。現在，我請你採用一面更寬廣的透鏡，採取包含互補品的觀點，許多互補品可能看起來跟你的事業完全無關。

我在我的課堂上介紹互補品的概念時，通常會詢問學員，他們會如何提高看電影體驗的 WTP。我最常聽到的建議是裝設更舒適的座椅、改進音響、提供線上訂位。這些點子全都是改善體驗本身的 WTP，我們通常就是這樣思考創造價值的，我們聚焦於使產品本身變得更具吸引力。當我要求學員思考互補品時，常聽到的建議是爆米花、有時還聽到建議提供酒精飲料，鮮少有人提及停車。

哈金斯戲院的托兒服務

　　這類反應讓我了解一點：發現互補品並不容易。我們知道互補品很重要，但不容易看出它們。以總部位於亞利桑那州的連鎖電影院哈金斯連鎖戲院為例，它為顧客提供托兒服務，讓父母能夠在無需安排保姆之下去看電影。每一個哈金斯玩樂中心（Harkins PlayCenter）有訓練有素的兒童照管工作人員照顧小孩，讓他們的父母享受電影之夜，某個父母攜帶一個呼叫器，萬一有緊急情況，兒童照管人員可以聯繫他們。哈金斯戲院如何發現這項具吸引力的互補品呢？反思自身。該公司執行長麥克・鮑爾斯（Mike Bowers）回憶：「我們在 2001 年開張第一個玩樂中心，當時，我的三個孩子還很小，就連身為主管的我也無法隨興地去看電影。我自問：『有多少人跟我有相同的處境？若我無法自由地去看電影，其他處境跟我相同的人如何能看電影？』」[10]

　　家長可以支付 8.5 美元（孩童電影票票價），把一個小孩寄托在玩樂中心。鮑爾斯說，這服務的損益平衡：「有許多要考慮的因素，父母來戲院時，花費多少？他們多常來？他們會帶多少個小孩來？玩樂中心是個非常方便的福利設施，它們為客人提供了環境品質，就連未利用它們的客人也欣賞它們的存在。因為觀眾席中無人需要擔心小孩干擾觀看電影。玩樂中心對顧客忠誠度大有幫助，顧客的整體體驗更佳。」

　　哈金斯戲院很幸運，因為有鮑爾斯憑藉個人經驗，辨認托兒服務是看電影的一項有價值的互補品。發現互補品的其他方法包括詳細的顧客旅程分析，以及焦點團體訪談或座談會。詢問顧客，他們和你的事業互動之前做什麼，這往往有幫助。他們是否有感到困難的步驟？是否有什麼事情導致許多顧客放棄購買你的產品或服務？

　　哈金斯戲院的托兒服務顯示互補品的許多特性：它為另一種產品（看電影）提高 WTP；它讓企業把價值從一項服務（照顧小孩）轉向其他產品或服務（販賣部營收、電影票收入）。接下來進一步探討產品與服務綁售的競爭之道。

▌轉移價值：太陽能

　　2010 年代初期，再生能源界歷經一場樂觀的革命，太陽能電池的價格在短短幾年內急劇降低，使太陽能變得比以往更具競爭力。在住家太陽能系統部分，一千瓦裝置容量的價格從 2010 年時的 7,045 美元降低至

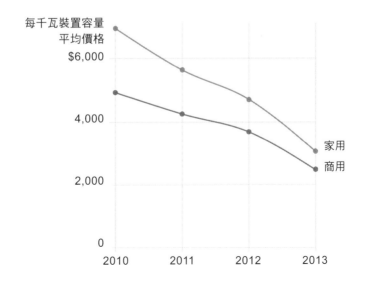

圖表 6-2　美國太陽能系統的價格

2013年時的3,054美元[⑪]，商業應用的成本更低（參見＜圖表6-2＞）[⑫]。

　　更高的電池效率、更大的裝置、以及規模經濟，這些全都是促成價格大幅降低的因素。[⑬]更仔細檢視資料，可以看出一個有趣的型態。一套太陽能系統的成本包含模組成本和專家所謂的「軟成本」（soft costs）：安裝、許可、稅負[⑭]，雖然，硬體成本大幅降低，軟元件的價格實際上是上漲的（或是價格持穩，尤其是家用系統），這使得安裝太陽能板的公司有利潤。[⑮]

　　＜圖表6-3＞反映的是一種有深層策略性含義的機制。太陽能板和安裝服務當然是互補品，每當其中一個互補品的價格下跌時，另一項產品的WTP就提高[*]，**在此例中，更便宜的太陽能板提高安裝服務的**

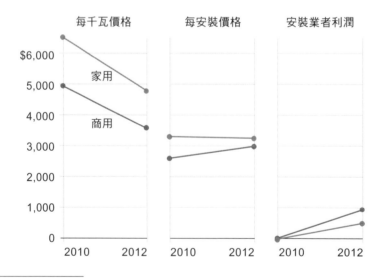

圖表6-3　太陽能系統安裝業者的價格及利潤

* 事實上，這是互補品的正式定義。若一項產品的價格下滑使另一項產品的WTP提高，就代表這兩個產品是互補品。

圖表 6-4 互補品的價格關連動態

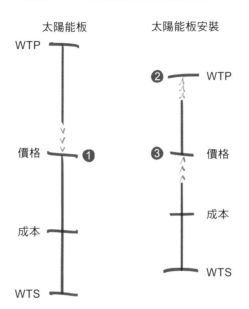

WTP，這進而讓太陽能板安裝業者提高利潤（參見＜圖表 6-4 ＞）。

你已經熟悉許多這種機制作用的情況。當汽油較便宜時，消費者會購買較大的車子。只要有許多免費（或便宜）的行動應用程式可供取得，我們就不會在意花數百美元在智慧型手機。一旦網路上能免費取得錄音音樂，音樂會票價就會快速上漲。[16] 在這些例子中，一項產品的價格下滑使得其互補品的 WTP 提高。在商界，我們通常視價格下滑為壞消息，因為當價格壓力升高時，較難有利潤。但是，這觀點並不完整，實際情況更微妙。當價格下滑時，價值轉移，從較不昂貴的產品轉移至其互補品。

亦敵亦友：Spotify 與作曲家

2019 年初，音樂串流服務公司 Spotify 的執行長丹尼爾・艾克（Daniel Ek）收到一封不滿、語帶諷刺的信，這封信來自一群作曲家和製作人，抱怨 Spotify 企圖把版權版稅委員會（Copyright Royalty Board）賦予作者的較高版稅回落：「你們組成一支作曲家關係團隊，讓 Spotify 贏得我們社群的歡心……，你們是唯一一個使我們覺得我們共同致力於建立一個現代音樂產業的商家。現在，我們可以看出你們跟作曲家建立關係的真正理由了，你們利用我們，試圖分化我們。」[17]

作曲家和 Spotify 的合作在失望中終結，因為他們誤解他們和該公司的關係。沒錯，作曲和串流服務這兩者是互補品，當串流技術讓無數人能夠線上聽歌時，作曲技巧變得更有價值，Spotify 受益於流行音樂的廣泛可得性。但是，互補品供給者並不是你的朋友，互補品供給者賞識彼此是因為他們聯合創造價值，但他們為了如何分享這個價值而爭吵。舉例而言，Spotify 每年舉辦「幕後英才獎」（Secret Genius Awards），彰顯作曲家。[18] 對於那些很有才華、但鮮少站在舞台中央的作曲家而言，這些頒獎是很風光的活動，而對 Spotify 來說是極佳的公關，這是雙方關係中創造價值的部分。但是，若作曲家以為友善的 Spotify 能讓他們從這新得的尊榮中撈到好處，那可就大錯特錯了。當作曲家為自己謀求更高的版稅時，Spotify 大力回推，我們可以從他們雙方的爭執中看出，互補品供給者如何為了他們在一個共同的價值池中的占比交戰。

Spotify 並不是特別貪婪的特例，互補品供給者總是希望從他們的夥伴那裡拿走更多的價值。英特爾想要微軟視窗（Windows）變得更便宜；索尼喜歡看到電玩遊戲開發商彼此價格競爭；當帆船旅行的價格下滑時，帆船建造商將受益；汽車製造商希望看到汽車保險的費率降低。互補品供給者亦敵亦友：**他們合力創造價值，因此彼此是友；每一方都希**

望對方的產品價格降低，因此彼此是敵。

互補品供給者彼此的交戰中涉及的利害大於公司與供應商之間的一般談判，若一個很有技巧的談判者爭取到九折價格的產品，他的公司獲得的利益就是這 10% 的優惠。但若你設法使一個互補品的價格降低，將會發生兩件事：其一，你獲得一個折扣；其二，你的產品的 WTP 提高，使你有更大的訂價彈性。難怪互補品供給者彼此之間的爭執特別激烈！

為你的組織探索互補品的重要性時，切記，和互補品供給者共事可能在情緒上難熬，當他們想拿走價值卻令你感到不滿及失望時，你將更難看到下一批的合作機會。在此同時，天真地把互補品供給者視為朋友，可能使你的企業對於互補品供給者拿走價值毫無防備。最成功的主管在他們與互補品供給者的關係中維持一個微妙的平衡：樂觀看待合作的前景，在此同時，務實地看待分享大餅的需求（有時還得為此爭鬥）。

▋利潤池

有些公司不需為亦敵亦友的互補品供給者關係操心，它們自己供應互補品。米其林有輪胎及指南，吉列公司（Gillette）製造刮鬍刀及刀片，蘋果公司推出攜帶式器材及 iTunes。有些公司在它們遠比不具優勢的市場上，用它們自己推出的互補品來使它們的核心服務業務差異化，例如，印度的共乘服務公司歐拉計程車（Ola Cabs）提供多種付款選項，包括 OlaMoney 預付及後付（顧客隔週支付他們在應用程式上的所有購買）、OlaMoney Hospicash（包含了前往醫院的車費，以及出院後支出）。**所有這些公司的一個重要策略優勢是，它們可以把利潤從一項互補品轉移至另一項互補品，例如，若你是吉列公司，你可以決定你想靠刮鬍刀賺錢，還是靠刀片賺錢，還是兩項產品都賺錢。最聰明的公司如何做此決策呢？**

　　一個常見的建議是**低價賣「核心產品」，提高互補品的價格**。[19] 吉列公司就是這麼做，它的刮鬍刀維持低價，靠刀片賺取豐厚利潤。可是，我們如何知道哪樣產品是核心產品呢？為何吉列公司不把刀片視為核心產品？其實，吉列公司的高端技術主要在刀片部分。

　　科技公司面臨相似的問題。有些科技公司壓低它們的硬體的價格，靠軟體賺錢，亞馬遜走的就是這條路，它以賠本價格賣 Kindle，這提高了讀者對電子書的 WTP。微軟遊戲事業的領導人菲爾·史賓塞（Phil Spencer）如此解釋他的訂價方法：「總的來說，你別把遊戲機事業的硬體部分視為這個事業的賺錢部分，賺錢部分是賣遊戲軟體。」[20]

蘋果的利潤池，從硬體變成軟體

　　蘋果公司則是採行完全相反的策略，它的硬體賣高價，軟體則是免費或低價。該公司推出 iTunes，不僅軟體免費，連歌曲的價值都全部讓出去了。顧客從 iTunes 下載一首歌曲的價格是 99 美分，其中的 70 美分是支付給唱片公司，剩下的 29 美分根本不足以支付信用卡處理成本和蘋果公司本身的營運成本。[21]

　　與其思考產品類型——核心產品 vs. 周邊產品；軟體 vs. 硬體——以研判該如何訂價，更有幫助的做法是，根據競爭考量做出訂價決策。蘋果公司的歷史最能提供這啟示，它在 2001 年推出 iTunes，在 2008 年推出應用程式商店（App Store），起初，這兩種服務都不怎麼賺錢，蘋果把歌曲和應用程式的價格維持得很低，為的是使 iPod（2001 年問市）、iPhone（2007 年問市）及 iPad（2010 年問市）獲取高利潤。歷經時日，這些利潤如何改變呢？為了比較，我製作了一個指數，把 2009 年時的硬體（例如 iPhone）的毛利和一款典型的應用程式的毛利設定為基數（=100），從＜圖表 6-5 ＞可以看出利潤池的大變化。[22]

　　蘋果硬體產品的毛利歷時下滑——估計 2009 年時的 iPhone 毛利為

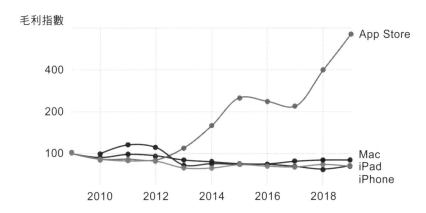

圖表6-5 2009-2019年，蘋果產品的單位毛利

62%，2018 年時為 38%，但應用程式商店變成一部巨大的高利潤成長引擎。附帶一提，對於＜圖表 6-5 ＞中的數字，你應該持保留態度，不可盡信，因為計算蘋果的毛利是相當不易之事。＊不過，感謝產業分析師豪雷斯‧德迪尤（Horace Dediu）和庫爾賓德‧賈沙（Kulbinder Garcha）的傑出檢查工作（＜圖表 6-5 ＞是根據他們的分析），整個故事相當清晰：**在策略性大轉變下，蘋果公司把利潤池從硬體轉移至軟體。**無怪乎該公司現在和應用程式公平聯盟（Coalition for App Fairness）陷入對抗，這個聯盟由一群互補品供給者組成，包括埃匹克娛樂（Epic Games）、Spotify、Match.com、大本營（Basecamp）等公司，它們要求蘋果公司降低應用程式商店的佣金，並且節制使用對 iOS 作業系統的控制來偏袒蘋果自家的服務。㉓

＊ 就連想得知顧客花多少錢在應用程式上，都很不容易。若一款應用程式是由蘋果本身訂定價格，蘋果公司就會報告實際營收，但若是由應用程式開發者訂價，蘋果公司就只報告營收中屬於該公司的占比。

　　是什麼促使蘋果公司改向呢？競爭。不論是 iPod 或 iPhone，問市後的短期內都未遭遇夠強的競爭者，但現在，顧客可以選擇的功能與性能相似的手機很多[24]，甚至，近年來，你的下一支手機和你的舊手機也不再有太大差異了。藉由在硬體領域提供一支最低程度差異化的價值桿，蘋果公司把它的利潤池移至互補品（參見＜圖表 6-6 ＞），硬體價格下滑，應用程式的 WTP 提高，利潤轉移至服務業務。

　　能夠把利潤池從激烈競爭領域轉移至較平靜的水域，這是自家生產互補品及控制它們的供給的一大好處，就像蘋果公司這樣。*一旦競爭開

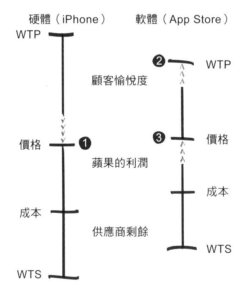

圖表 6-6　蘋果的利潤池轉變

硬體（iPhone）　　軟體（App Store）

WTP

② WTP

顧客愉悅度

價格　①　　③　價格

蘋果的利潤

成本　　　　　成本

供應商剩餘

WTS

WTS

* 蘋果公司並不直接控制許多應用程式的價格，但該公司審核新應用程式，它控制用戶在搜尋軟體時能看到哪些應用程式。事實上，在一些人看來，蘋果公司的影響力是反競爭的，因此，該公司現在成為一樁反托拉斯訴訟的對象。

始熱烈起來，你會看到公司開始採取保護利潤的行動，把競爭較激烈的領域的產品／服務的價格降低，此舉將提高較受到保護的領域的 WTP，讓利潤轉移到這些領域。[25]

思考如何對互補品訂價時，可以考慮兩種極端選擇：若你靠你的主產品賺錢，讓互補品價格低廉，會怎樣呢？或者，倒反過來，會怎樣呢？針對這兩種情境，你必須知道你面對的競爭激烈程度，你一提高價格，顧客會不會轉用替代品？強大的供應商一見到你的高利潤，會不會提高它們供應的東西的成本？你的主產品及互補品的競爭差距程度愈大，愈有利把你的獲利從高度競爭市場轉向競爭程度較低的市場。

競爭程度是決定能否靠互補品賺錢的最重要因素，但不是唯一的決定因素，產品種類，以及消費者購買的時間點，這些也會幫助你決定如何轉移利潤。首先考慮產品種類，若互補品多樣化到能夠創造高度的顧客愉悅，那麼，把利潤池轉向這些互補品將更容易和你的顧客分享價值。舉例而言，最精心設計的 Xbox 遊戲賣幾百美元，但許多遊戲的售價不到 20 美元。由於不同款遊戲的價值池大小差異程度甚大，微軟把 Xbox 的價格維持在低水準，把利潤從遊戲機轉移到遊戲上。

顧客購買決策的時間點是另一個考慮因素，許多互補品的銷售是隨著時間推移而發生的，例如，你今天購買刮鬍刀，並在後續相當長的一段期間購買許多刀片。若消費者購買刮鬍刀時，未完美地預期他們將花多少錢於刀片上，那麼，把利潤池轉移至刀片，就有道理。但是，請小心！這種訂價策略的一個明顯缺點是，這麼做將讓你失去顧客的喜愛，他們會覺得當初購買不昂貴的刮鬍刀，結果卻把他們套牢了，他們將會尋找創造更高價值的產品。省錢刮鬍俱樂部（Dollar Shave Club）和哈里氏（Harry's）進入市場，推出更低廉的刀片訂閱模式，使吉列公司學到慘痛教訓，結論是這種訂價策略很容易讓火燒到自己身上。

本章結論

思考互補品時，以下的觀察心得特別重要：

- **互補品幫助提高 WTP**。在競爭中，重要的是顧客愉悅度，互補品是提高 WTP、進而為顧客創造更多價值的強大工具。
- **互補品往往看似跟你的核心業務無關**。為了找出它們，你必須十分創意地思考顧客旅程。
- **除非你想靠互補品賺錢，否則應該讓互補品不昂貴**。一項互補品的價格下滑，將提高另一產品的 WTP。
- **互補品供給商亦敵亦友**。他們和你聯合創造價值，但他們也會為了價值的分配而爭吵，而且有時吵得很激烈。
- **自家生產互補品的公司可以把利潤池從一項互補品，轉移至另一項**。

第 7 章

互補品？替代品？

是競爭還是攜手

　　事後來看，互補品和替代品的區別很清楚，但是，當新技術及事業模式初出現時，通常難以區別這兩者。若你是一家銀行，區塊鏈是你的朋友還是敵人？若這項技術使金融交易更快速、更安全，它可能是一種互補品。若它透過代幣發行，以加密貨幣和眾籌取代傳統的支付服務，它可能就是一種替代品。

　　食物外送服務——例如中國的餓了麼（Ele.me）、巴西的 iFood、美國的 DoorDash，它們之於餐廳是互補品抑或替代品？若顧客倚賴遞送服務來發現他們希望造訪的新餐廳，它們就是互補品；若因為人們透過食物遞送服務來訂購外送，造成餐廳空桌，那它們就是替代品。印度的個人化線上學習平台 BYJU's 之於傳統的親身教學，是替代品抑或互補品？[1] 在所有這些例子中，我們看到的究竟是一種互補品抑或替代品，並不完全明確（參見＜圖表 7-1 ＞）。

圖表7-1　難以區別：互補品及替代品

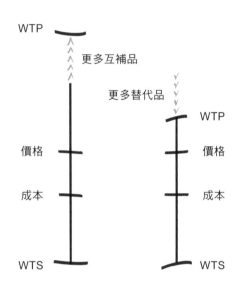

▌電台 vs. 唱片

　　商業史中有無數例子例示多麼難以辨識互補品。1920 年代，無線電台變得流行時，美國作曲家、作家及發行商協會（American Society of Composers, Authors and Publishers，簡稱 ASCAP）對抗這個新媒體，該協會深信，無線電臺會導致唱片銷售量降低，在當時，更重要的是，降低散頁樂譜的營收。為了遏制無線電臺，ASCAP 在 1930 年代末期把它的授權費提高 70%，1940 年又再度提高，廣播公司則是發起抵制，近一年期間，美國的電台聽眾幾乎聽不到電台播放有版權保護的音樂，突然間，史蒂芬・福斯特（Stephen Foster）那首早已被遺忘的《棕髮珍妮》（*Jeanie with the Light Brown Hair*）再度被電台熱播（這首歌屬於公眾領域，不受版權保護）。②

　　但是，到了 1950 年代，ASCAP 的錯誤已經非常明顯，**電台不是唱片的替代品**，它是互補品，它是為音樂打廣告和促進聽眾欣賞特定歌曲的一種工具。這下，付費流倒反過來：不再是唱片公司向電台索取極高的授權費，反而是唱片公司付錢給電台音樂節目主持人，請他們播放特定歌曲。***企業常犯的第一類錯誤是它們誤判兩種產品之間的關係，把實際上的互補品視為替代品。**當然，事後，我們看得更清楚，但在當時犯這種錯誤完全可以理解，難道你不會認為免費的音樂將導致唱片需求減少嗎？

▎紙張 vs. 電腦

　　還有其他情況是難以預測兩種產品之間的關係將如何歷時演變。電腦和紙就是一個好例子，環顧你的辦公室，無紙辦公室時代來臨了嗎？若能以我的雜亂辦公桌為證的話，無紙辦公室時代還未到來。《商業週刊》（*Businessweek*）在 1975 年時詢問專家們，到了 1990 年時，辦公室將是什麼模樣，全錄帕羅奧圖研究中心（Xerox Palo Alto Research Center）當時的領導人喬治‧佩克（George E. Pake）做出的許多預測非常準確，「毫無疑問，未來二十年將出現辦公室革命」，他解釋：「科技將改變辦公室，就如同噴射機為旅行帶來革命，電視機改變家庭生活。我將能夠在螢幕上或是按一個按鈕，從我的檔案裡取出文件，我能夠收到我的郵件或任何訊息。」但是，就連佩克這樣的傑出人才也未能看出科技對紙張的影響，當時，他的預測是：「我不知道在這世上，我還會

---

* 一些電台從業人員甚至因為沒有揭露這類安排而引發賄賂醜聞。

想要多少紙本文件。」③

一如預測，電腦問世，但紙張用量大增，事實顯示，**電腦和紙是互補品，不是替代品**。1980 年至 2000 年之間，美國的辦公用紙消費量增加近一倍。④ 個人電腦使印刷變得遠遠更容易，人們喜愛檢視列印文件，至少一時片刻（辦公室裡的紙本列印文件有 45% 當天就進了垃圾桶）。⑤ 電腦與紙之間出人意料之外的互補性，某種程度上反映的是當時的技術水準⑥，早期的個人電腦常當機——最好有備份，軟體往往無法在其他的應用中正確呈現製作的文件。再加上列印的成本低廉，以及一般人不願接納改變的人性，凡此種種，造就了電腦、印表機、和紙張之間的強烈互補性。

不過這幾年下來，互補性已經減弱，甚至可能有所反轉。自 2000 年以來，美國的辦公用紙消費量已經減少 40%，「原因似乎是社會性質，不是技術性質」，《經濟學人》指出：「在電子郵件、文書處理、和網際網路等等技術中成長的新世代工作者，對印刷文件的需要感不像那些年紀更大的同事那麼強。」⑦ 但縱使電腦和紙長期以來轉變成替代品，轉變的時間點也難以預測。**我們常犯的第二類錯誤是，我們預期替代品的到來的時間遠早於它們實際到來的時間。**

▎自動櫃員機 vs. 與真人行員

自動櫃員機的問世，提供第三個、甚至更複雜的例子。倫敦的巴克萊銀行（Barclays）和紐約的華友銀行（Chemical Bank）是最早裝設自動櫃員機的銀行，當時是 1960 年代後期，這些機器用起來很麻煩，它們也經常故障。當時沒有用戶個人識別碼（PIN code），為了啟用自動櫃員機，顧客必須投入一枚塑膠幣，等到交易被記錄後，銀行會透過傳統郵寄方式，歸還這枚塑膠幣。⑧ 儘管有這些粗糙的起頭，自動櫃員機數量在美國快速成長，從 1995 年時的 100,000 台增加至 2010 年時的 400,000 台。結果之一：銀行櫃員（主要工作是辦理存款與取款）的飯碗前景顯得黯淡，克利夫蘭聯邦準備銀行的研究員班·克雷格（Ben Craig）觀察到：「雖然有一些人惋惜每週去銀行不再有一位友善的銀行櫃員稱呼他們的姓名，問候他們，但大多數人都不願為這項服務支付較高費用及花較多時間，他們選擇自動櫃員機的便利性及便宜。」[9] 銀行櫃員的工作前景看起來不妙。

但實際的發展並非如此。1980 年至 2010 年間，美國銀行櫃員職務增加了約 45,000 個，參見＜圖表 7-2 ＞。[10]

三種效應的匯集，得出這出人意料之外的結果。第一，銀行的確減少每個分行的櫃員數 [11]，就此狹義來說，自動櫃員機和銀行櫃員是替代品，但故事非僅於此。在分行營運成本降低之下，銀行開設更多分行，僱用櫃員。第三，這些櫃員現在對顧客提供顧問服務，他們銷售產品——這些活動遠比辦理存款取款業務更有價值，結果，僱用櫃員反而變成更具吸引力的主張。淨結果：自動櫃員機是這些重新流行起來的櫃

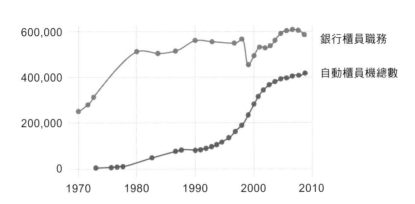

圖表 7-2　1970-2009 年銀行櫃員職務及自動櫃員機

員服務的一種互補品。

　　純粹未能辨識一種互補品（ASCAP 的例子），難以預測替代作用到來的時間點（電腦與紙的例子），難以看出技術變化的二階效應（自動櫃員機的例子），這些全都造成辨識互補性的困難。但是，我們在判斷上發生的錯誤並不是隨機性質，你是否注意到前述三個例子的型態？**在每一個例子中，我們預測的是替代性，但實際上，新技術提高了顧客對既有產品與活動的 WTP。這種偏誤其實很尋常，我們害怕改變，潛在損失總是顯得比相似規模的利得還要突出**，心理學家阿莫斯・特沃斯基（Amos Tversky）和丹尼爾・康納曼（Daniel Kahneman）稱此現象為「趨避損失」（loss aversion）。[12]**趨避損失的傾向使我們縱使在檢視互補性時，仍然一心想著替代性的風險。**

　　歷史帶給我們兩個啟示：其一，在預測一項新技術或一種新穎的事業模式的影響性時，別太信賴你的直覺，這是件困難的事，你應該仔細思考可能的結果的發生時間，以及考慮二階效應，這些能幫助你得出正確評估。其二，切莫忘記，你更傾向於看替代性，而不是看互補性，互補品很重要，但難以辨識。

衡量互補性

　　研究歷史有益，因為歷史幫助我們看出技術進展和主管判斷的大型態。不幸的是，在我們的日常工作中，我們無法等待歷史開展以揭露互補及替代效應，我們必須繼續前進。

《華盛頓郵報》的印刷版 vs. 線上版

　　求助於資料是我們的一種自然反應，仔細的分析無法告訴我們一項新技術是個替代品抑或互補品嗎？這裡舉個例子，過去三十年，許多企

圖表 7-3　《華盛頓郵報》的印刷版和線上版讀者群

24 小時期間	未閱讀線上版郵報	閱讀線上版郵報
未閱讀印刷版郵報	8,771	622
閱讀印刷版郵報	5,829	877
5 天期間	未閱讀線上版郵報	閱讀線上版郵報
未閱讀印刷版郵報	6,012	680
閱讀印刷版郵報	7,203	2,204

業在它們的營運中加入線上活動，例如，《華盛頓郵報》(The Washington Post) 在 1996 年推出一個線上版本。試問，washingtonpost. com 之於印刷版的《華盛頓郵報》是個互補品抑或替代品？＜圖表 7-3 ＞是一項讀者調查的結果。[13]

看看所有既閱讀線上版、也閱讀印刷版的讀者數，這顯示它們是互補品，不是嗎？或者，我們應該擔心那 680 名閱讀線上版、但未閱讀印刷版的讀者嗎？雖然，我們想從這調查得出結論，但實際上，我們不可能從這摘要看出這兩種產品之間的真實關係。我們真正想知道的是，若不存在線上版，這 680 名讀者會做什麼，但這份資料沒有提供此資訊。若不存在線上版，他們就會閱讀印刷版，那麼，線上版就是一種替代品。若不存在線上版，那既閱讀線上版、也閱讀印刷版的 2,204 名讀者當中有多少將不會購買印刷版？若這個數目頗大，就代表線上版和印刷版是互補品。

這是第一個洞察，若你檢視顧客資料，想找出互補性，你想要看的是那個不存在的世界——沒有線上版。若我們能夠把那世界拿來和有線上版的世界相較，我們就能辨識這兩種產品之間的真實關係。最老練的企業使用三種方法來更接近真相：型態辨識、趨勢分析、實驗。

　　分析購買型態是最簡單的方法，它使用你已經有的資料。若兩種產品是互補品，你將會看到它們經常被一起消費，例如炸薯條和番茄醬。一個造訪你的實體店的顧客經常在造訪實體店後去你的網站購買嗎？讀者是否告訴你，他們較可能在晚間閱讀印刷版報紙，在白天工作時段瀏覽線上版嗎？這些型態隱含的是互補性。這類分析雖簡單明瞭，但不是絕對正確；更確切地說，它無法容易地區別互補性和有強烈偏好的顧客。也許，既閱讀線上版、也閱讀印刷版的某個讀者是個新聞上癮者；那個造訪你的實體店、然後在線上購買的顧客可能非常喜愛你的品牌。

　　想獲得進一步洞察，你可以研究時間趨勢。你推出線上版後，印刷版的讀者數量是否立刻大減？電子商務營運的開始，是否影響同店銷售量？研究時間趨勢時，切記電腦與紙的例子，產品之間的關係並不是固定不變，它會隨著顧客喜好與習慣演變，因此，必須經常更新時間趨勢

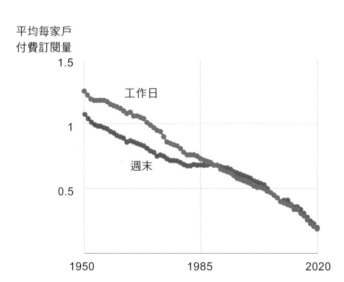

圖表7-4　1950-2020年，美國付費報紙發行量

分析。

　　若你的產業有強烈的既存趨勢，時間趨勢就更難判讀，甚至可能沒有用。來看看美國的付費標準發行量變化圖，如＜圖表 7-4 ＞所示。[14]

　　1950 年代，美國家戶平均訂閱 1.2 份報紙，到了 2020 年，訂閱日報的美國家戶不到 20%，很顯然，報業不是一個欣欣向榮的產業。但是，網際網路的效應在哪裡？從＜圖表 7-4 ＞的資料，難以看出。也許，若沒有線上新聞和谷歌新聞的推出，在 1990 年代末期之前，長期趨勢就已經疲軟了，在這種情況下，時間趨勢分析提供不了什麼明顯答案，許多其他產業也存在類似的問題。

　　研究互補性的最有利方法是透過實驗和 A/B 測試，這種方法提供深度洞察，因為它直接模擬我們無法看到的世界。這裡舉個例子，2009 年 6 月 25 日，倫敦的皇家國家劇院（Royal National Theatre）成為世上第一個向世界各地電影院廣播一場舞台劇的舞台，表面上看，這個實驗是一個大成功，那晚，50,000 人觀看了尚‧拉辛（Jean Racine）的悲劇作品《菲德拉》（*Phédre*），其中只有 1,100 人在皇家國家劇院觀看。你自然會擔心，能夠在電影院觀看舞台劇，這是否會取代在倫敦現場看劇，所以，皇家國家劇院設計一個實驗來查明。它決定廣播《菲德拉》，沒有廣播霍華‧布蘭登（Howard Brenton）的作品《從未如此美好》（*Never So Good*）和麥克‧弗萊恩（Michael Frayn）的作品《餘生》（*Afterlife*），劇院經營管理階層預期，若廣播這兩部作品，也會吸引相似的觀眾，再者，《菲德拉》在一些電影院上映過，但未在其他電影院上映。研究員哈桑‧巴克希（Hasan Bakhshi）和大衛‧索羅斯比（David Throsby）檢視此實驗結果後發現，數位廣播對舞台劇是微弱的互補品[15]，戲劇的廣泛可得性造成的宣傳效果吸引一些顧客買票看倫敦的現場表演。

本章結論

　　區別互補品與替代品，往往相當困難。我研究那些已經發展出成熟方法來區分它們的公司，發現以下幾點：

- **這些組織清楚我們天性傾向誤把互補品視為替代品。**它們總是思考：有什麼最佳理由可讓你主張一項新技術或一個新產品可能是一種互補品？
- **型態辨識和趨勢分析是辨識互補品的快速、不昂貴的方法，**它們有用，但並非絕對正確。
- **最進步的公司用實驗來指引它們對互補性的直覺。**

第 8 章

引爆趨勢

網路效應如何快速擴大影響力？

　　過去十年，我擔任哈佛商學院專為中國經理人開設的中國高階主管進修班的主任，因為這項職務，我經常造訪中國，我已經習慣在每次的造訪中看到不同於上次的大變化，但是，最近在上海的一個實驗令我驚呆了。我愛吃餃子（誰不愛呢？），造訪中國時，我一定會去尋找專賣這項美食的餐廳。那次造訪時，我發現，離虹橋地鐵站不遠處有一家餃子館，只擺放了幾張桌子，椅子有點搖晃了，但它的餃子是這一帶最好吃的。吃完餃子，我把我的信用卡遞給櫃台出納，她搖搖頭，說這餐館不接受信用卡。當然，我早該知道這點的，接受信用卡付款的小店家不多，我向她致歉，遞給她一張 50 元人民幣鈔票，她再次拒絕，「我們不收信用卡，不收現金」，她邊說邊指著顯然已經廢棄不用的收銀機上方展示的一個 QR code：「我們只接受支付寶或微信支付。」

　　這家餐館已經變成無現金化，也不只這家餐館，中國到處都是，現金失寵的速度比你說：「請結帳」的速度還要快。怎麼會這樣呢？我以為，信用卡交易才剛變得流行呢，才過了一分半鐘的時間，現金就被淘汰了？被行動支付完全取代了？

　　類似這樣的快速變化是有強烈網路效應的市場的標誌，在這些市場上，顧客對一產品或服務（或甚至是貨幣的使用）的 WTP 隨著這項產品或服務的採用增加而提高，參見＜圖表 8-1 ＞。起初，說服餐廳接受行動支付並不容易，因為當時使用行動支付服務的顧客很少；同樣地，顧客也不太願意在他們的器材上下載與安裝支付寶，因為接受支付寶的商店很少。但是，隨著採用增加，商店和餐廳的 WTP 提高，伴隨更多商家接受行動支付，使用這些應用程式的顧客數快速增加。

　　網路效應是一種正反饋迴路：更多的零售商吸引更大數量的顧客，更大數量的顧客又進而吸引更多零售商加入。網路效應可能促使市場達到一個引爆點（tipping point）：從低採用數很快地躍升到普遍採用。反之亦然，愈少人使用現金，能夠找零的商家數將減少，導致願意接受現金的商家減少，這種情形激發顧客採用行動支付。

　　中國及其他國家（例如瑞典）正邁向變成無現金社會。2010 年時，

圖表 8-1　網路效應：採用者增加，使 WTP 提高

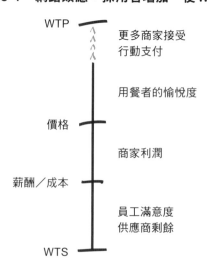

行動支付服務還未名列中國前十大行動應用程式，僅僅十年後，中國四分之三人口偏好使用行動支付勝過現金。[①] 幾年前，阿里巴巴集團開張未來主義風格超市盒馬鮮生時，其實體店設計已無收銀機。中國人民銀行（中國的央行）現在必須做出干預，以保護現金的使用，當局經常取締停止收現金的零售商。[②] 若歷史可茲股鑑，中國的央行面臨的將是一場硬戰，**網路效應以強大力量推動 WTP。**（你好奇我最終如何解決餃子飯錢嗎？雖然我無法用中國的行動支付系統支付餐費，但餐廳員工樂意接受餃子價格做為小費——現金！）

▍三種網路效應推動 WTP

網路效應可區分為三種，它們全都促使 WTP 伴隨一產品的採用量增加而提高，但三種的作用機制不同。

第一種是**直接網路效應**：更多顧客購買一產品，其 WTP 就更高（參見＜圖表 8-2a ＞）。任何通訊器材都是好例子，試想第一個購買一台傳

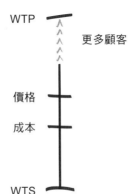

圖表 8-2a　直接網路效應

真機的人，這台傳真機沒有價值，因為沒有對象可交換傳真訊息。伴隨擁有傳真機的企業和個人的數目增加，傳真機的 WTP 提高。想想你擁有的一種產品，若有大量的人擁有相同的產品，它是否會變得更實用或更有價值？若是，那就是一種直接網路效應。

第二種是**間接網路效應**，在一項互補品的幫助下，提高顧客 WTP（參見＜圖表 8-2b ＞）。遊戲機與遊戲、汽車與修車店、智慧型手機與應用程式，這些全都是有間接網路效應的市場例子。伴隨更多顧客購買智慧型手機，應用程式開發者將開發更多應用程式；愈多實用的應用程式問市，提高智慧型手機的 WTP，進而吸引更多顧客。網際網路的網路效應往往形成雞與蛋的動力作用。若我們有更多的充電站，就會有更多人看電動車；但我們欠缺充電站，因為太少人擁有電動車。為了打破僵局，公司往往投資在需求有限的互補品，希望能激發間接網路效應。

第三種網路效應是**平台事業**的特徵（參見＜圖表 8-2c ＞），這些公

圖表 8-2b　間接網路效應

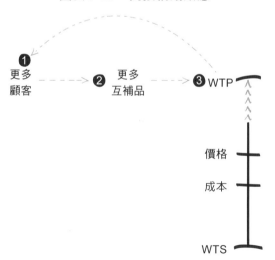

圖表 8-2c　平台網路效應

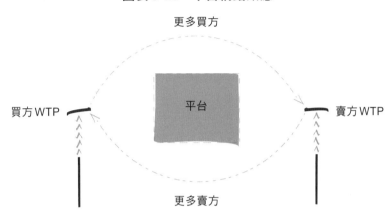

司吸引不只一類型的顧客（或供應商），一類顧客（供應商）的數量愈大，另一類顧客（供應商）的 WTP 提高。以線上旅行社為例，當愈多人在智遊網（Expedia）上訂房時，旅館業者就會覺得在該網站上張貼住房愈有益；有愈多旅館可供選擇，又會吸引更多顧客來這家平台。許多企業藉由匯集不同類型的顧客而創造價值，例如，《紐約時報》（*The New York Times*）吸引讀者及廣告客戶，Uber 媒合乘客與司機，亞馬遜市集吸引購物者和商家，在這些例子中，一類顧客（廣告客戶、司機、商家）的 WTP 伴隨另一類顧客（讀者、乘客、購物者）的數量增加而提高。

　　下文探討網路效應如何促成巨大的企業成功，網路效應可能如何導致急遽失敗，以及網路效應如何幫助形成一個愈來愈被很大（而且非常賺錢）的公司宰制的經濟。

有時候，贏家通吃

　　創立十五年後，臉書制霸社交媒體，擁有 24 億名每月活躍用戶之下，在全球超過 90% 的國家，該公司是領先的社交網路。在美國，臉書的社交媒體頁面瀏覽量占有率為 50%，在非洲為 70%，在亞洲 *、歐洲、及南美洲為 80%。[③] 雖然獲得史上空前的成功，該公司現在承受巨大的競爭及政治壓力，較年輕的用戶湧向 Snapchat 和 TikTok；Pinterest 在電子商務領域的聲望提高；亞馬遜已經開始與臉書競爭廣告客戶。雪上加霜的是，資料及隱私方面的弊病助長外界對臉書的動機及領導階層的不滿與譏諷，臉書現在是美國社交網路中最不受信賴者[④]，政治人物和監管當局公開談論如何分拆公司。

　　身陷這些巨大挑戰下，臉書的績效如何？它的績效棒極了！2019 年時，臉書新增超過 1 億名的用戶，光是在已成熟的美國市場，就增加了 100 萬用戶。同年，該公司的營收成長 29%，市場占有率成長超過 50%。[⑤] 如何解釋這不尋常的持續強大？在這麼多問題與挑戰之下，它不是應該分崩離析了嗎？

　　臉書的績效是網路效應的非凡威力的證明，該公司受益於前述三種網路效應。伴隨臉書用戶增加，加入這個網路以和親朋好友及認識者社交往來這件事變得更具吸引力（直接網路效應）；商業品牌及用戶有更強的誘因去創作及張貼內容（間接網路效應）；這網站對廣告客戶變得更具吸引力（平台網路效應）。令人生厭的外觀設計和失去用戶信賴，確實降低了 WTP[⑥]，但在此同時，網路效應鎖住了該公司的市場地位，它們使臉書的 WTP 競爭力保持大於其他社交媒體。

---

* 臉書被中國封鎖。

最強大的網路效應提供巨大、難以抗衡的優勢，市場對幾家公司有利。谷歌和百度（搜尋領域）、亞馬遜和阿里巴巴（電子商務領域）、索尼及微軟（遊戲機領域）、威訊通訊（Verizon）和 AT&T（行動電信服務領域）、Visa 及萬事達卡（信用卡領域）：這些公司中的每一個受益於顯著的網路效應。

▏地區型網路效應

我的早晨儀式之一是查看我的即時通訊應用程式，我通常先查看簡訊，再查看 WhatsApp，快速瀏覽微信，最後查看 LINE。我必須安裝所有這些應用程式，因為網路效應往往有地區、或甚至地方性質。WhatsApp 是全球最大的即時通訊應用程式，但在日本幾乎無用武之地，在日本，稱王的是 LINE。在中國，使用手機的人全都使用微信。若我在衣索匹亞、伊朗、南韓、烏茲別克、或越南有認識的人，那我就需要分別安裝 Viber、Telegram、Kakao、imo、Zalo，它們分別是在這些國家制霸的即時通訊應用程式。[⑦]

網路效應的強度取決於用戶數，但真正重要的數目鮮少是全球性數目。以 Uber 為例，平台網路效應令它吃香，若司機數目增加，乘客受益；若更多乘客，司機就更可能加入 Uber。**但是對 Uber 而言，真正重要的用戶數目完全是地方用戶數**；若我在波士頓召來一輛 Uber 車，舊金山地區有更多數量的司機這點並不會改變我的 WTP。

網路效應的地理性限制了許多大平台的吸引力，Uber 在全球有 300 萬名司機，但該公司進入一個新市場時，必須從零開始，彷彿它在別處的業務都不存在。因此，各地的冠軍不同，Uber 是美國的龍頭，滴滴出行是中國的霸主，Gojek 稱霸印尼，BlaBlaCar 在德國掄元。**地區性網路效應仍然形成強大的先發者優勢**，滴滴出行在中國領先後，市場就傾斜了，Uber 完全沒機會，但是，Uber 在中國的挫敗並不影響它在其他市場的地位。

地方性競爭

你使用多少種不同的共乘應用程式？讓我猜的話，我會說，不只一種吧。若你居住於舊金山，你大概有 Uber 和 Lyft 的應用程式；若你居住在雅加達，我猜你使用 Gojek 和 Grab；若你居住在首爾，我猜你使用 KaKao、TMap，甚至還有 TADA。網路效應不僅鮮少產生像臉書那樣的全球宰制地位，甚至，在地方上，也非常罕見贏家通吃的局面，不同的平台往往並肩競爭。在一個地方市場上，有多少公司能夠生存呢？例如，在首爾地區排名第四的共乘服務公司 Poolus，會是個支撐得下去的事業嗎？

想知道一個市場的競爭激烈程度，應該明確了解網路效應提高 WTP 的機制。從乘客的立場而言，最重要的益處應該是鄰近度（proximity）[8]，有更多司機的共乘服務平台能讓乘客的等候時間較短（參見＜圖表 8-3 ＞）。

隨著等候時間持續縮短，帶給乘客的增量益處卻漸漸變小；等候 1 分鐘或 30 秒，對絕大多數人而言沒差。想在乘客等候時間上具有競爭力，共乘服務平台必須有＜圖表 8-3 ＞中虛線所指的司機數量。若首爾夠大到可以讓四家公司都分別匯集了這個需要的司機池，Poolus 就能生存；若只有一家公司能匯集到這個需要的司機池，這地方市場就是贏家通吃。

我聽到你說你不贊同了，當然，你是對的，我剛才說的不是很正確。一個複雜點是，一個市場上的司機增加，將產生三種效應，而非只有一種效應：隨著乘客等候時間持續縮短，將有更多乘客使用共乘服

圖表 8-3　共乘服務市場的競爭

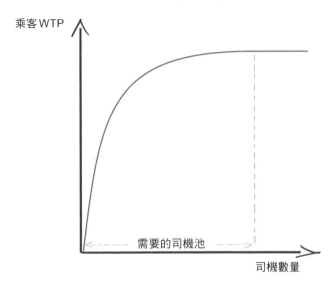

務，因為他們喜歡較短的等候時間；但當乘客數量不再增加時，司機的等候時間就變長。若後面這個效應較強，市場將永遠無法達到＜圖表8-3＞中的最大乘客 WTP，因為司機等候時間增加之下，就會有司機退出。另一個複雜點是，共乘服務公司通常視司機為獨立接案者，而非員工，這樣可以節省成本，但也讓司機可以為多個共乘服務平台工作。實際上，一個新進者將不需要自行匯集一個新的司機池，這個新進者可以直接「借用」已經在池裡的司機。這導致共乘服務市場更加競爭，你會驚訝於 Uber 之類的公司如此難以達到有盈餘的境界嗎？

　　共乘服務帶來一個重要啟示：知道你的事業受益於網路效應，自然是很棒，但更重要的是，**必須徹底了解顧客數將如何影響 WTP。了解使用者增加如何提高 WTP 的機制，能幫助你評估一個市場的競爭激烈程度。**

圖表 8-4　電子商務市場的競爭

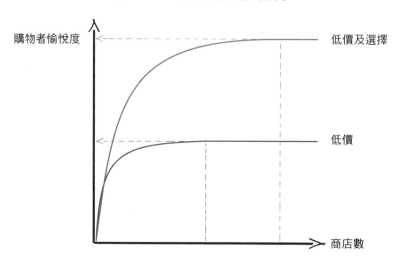

我們來看另一個例子——電子商務平台。很顯然，人們喜愛線上購物，只要做點功課，你總是能找到不錯的交易。若較低的價格是贏得顧客歡心的關鍵，那麼，電子商務將會非常競爭。在＜圖表 8-4 ＞中，標示「低價」的那條曲線顯示顧客愉悅度如何隨著一電子商務事業增加販售商而改變，起初，因為販售商增加帶來更多的價格競爭，使得顧客滿意度提高，但這種增量效應很快消退。你只需要少量的販售商，就能促成價格競爭了。

所幸，顧客不是只關心低價，許多顧客也關切有好選擇。亞馬遜和淘寶分別在它們立足的市場上領先，有很大部分是因為它們提供空前數量的產品種類。若顧客喜歡「一站式購物」（one-stop shopping），因此，選擇對他們而言很重要的話，電子商務網站就必須有遠遠更大數量的商店，才能在顧客愉悅度方面具有競爭力，而且在這種情況下，比較可能發生贏家吃下大部分（winner take most）的結果。亞馬遜在美國電子商務市場的占有率超過 50%，天貓在中國的市場占有率更高。

　　類似的作用也發生於哥倫比亞的快遞跑腿服務新創公司 Rappi 身上，該公司在廣泛的服務業務領域競爭，除了遞送餐點及雜貨，那些「拉配員」（Rappitenderos）還能為你跑腿自動櫃員機，為你遛狗，在足球賽中為你擔任第 11 名球員，為你購買音樂會門票，若你在 Zara 百貨購買的襯衫太大，他們可以親自為你拿去換。Rappi 的事業模式形成網路效應，造福工作者（他們害怕閒散、沒事做），以及顧客（他們非常喜歡有大量幾乎即時的服務項目可供選擇）。

　　在所有這些例子中，很重要的一點是，思考擴大平台服務範圍時創造多少增量的顧客愉悅度和供應商剩餘，你真的增強你的網路效應了嗎？甚至，在目前的規模下，也能強化網路效應？

▍排他性的代價

　　這是有史以來最令人難忘的一場歡迎歸來宴會，1997 年夏天，數千名蘋果鐵粉前往波士頓 MacWorld 大會，慶祝他們的英雄史蒂夫‧賈伯斯（Steve Jobs）重返蘋果公司。1985 年時被迫從他共同創辦的蘋果公司辭職的賈伯斯在那年稍早回歸後，發現這家公司搖搖欲墜，現金存量低，對未來沒有願景，瀕臨破產。[9] 摩根史坦利（Morgan Stanley）當時的分析師瑪麗‧米克（Mary Meeker）和吉蓮‧孟松（Gillian Munson）如此總結蘋果公司的黯淡前景：「在我們看來，蘋果是一家深陷麻煩的公司，過去六季，每季營收比去年同期衰減 15% 至 32%，……。用醫學比喻來說，我們已經把宣告這位病人死亡。」[10] 報章雜誌沸沸揚揚地周遭這持續下滑的業績，普遍預期這家聞名全球的公司將破產（參見＜圖表 8-5 ＞）[11]。

　　波士頓會議中心裡的群眾滿懷期望，賈伯斯會做出什麼宣布呢？他

圖表 8-5　蘋果瀕臨破產

會帶給他們什麼驚奇呢？

　　賈伯斯沒讓他們失望，事實上，他帶來的驚奇比他的聽眾預期的更大、更深遠。「蘋果活在一個生態系裡，它需要來自夥伴的幫助」，賈伯斯解釋：「……，我今天要宣布我們的首批夥伴之一，一個很有意義的夥伴，那就是……」，他背後的螢幕亮了起來，聽眾吃驚地看到，這夥伴是：比爾‧蓋茲（Bill Gates）的微軟（Microsoft）！賈伯斯宣布和蘋果的勁敵微軟合作，這是蘋果向來鄙視、惱怒、且非常成功的剋星。⑫

　　怎麼會來到這步田地呢？蘋果這個 1980 年代最賺錢的電腦公司，怎麼會沉淪到這種程度？直接和間接網路效應是一個重要原因。整個 1990 年代，在個人電腦低價格的助長下，微軟視窗作業系統的顧客 WTP 隨著使用者增加而快速提高，拜視窗使用者數量成長所賜，文件交流和請求協助處理麻煩軟體變得更加容易。比這直接網路效應更為重要的是一種間接網路效應：為視窗開發、維持、及更新軟體的誘因。

在電腦史的早年，蘋果公司是個大咖，1980 年時，它的全球市場占有率為 16%，但是，在顯著更便宜、使用視窗軟體和英特爾微處理器的個人電腦的持續猛攻下，蘋果每況愈下。到了賈伯斯重返公司的 1997 年，差距已經大得驚人，那年，英特爾出貨 7,600 萬台處理器，微軟的現有使用者群近 3.5 億台機器，反觀蘋果的出貨量不到 500 萬台，現有使用者群只有微軟的 10%。[13] 假設你是個軟體開發者，有一個新穎類型軟體的出色點子，你會選擇為視窗系統抑或為蘋果開發？誠如賈伯斯在 1996 年解釋的：「關鍵在於，說服創新軟體產品的開發者相信，他們的產品能夠在你的作業系統上跑得最好，或是只能在你的作業系統上跑。」[14] 到了 1997 年夏天，蘋果已經失去這項能力。

蘋果和微軟合作的一個關鍵因素是，蓋茲承諾繼續為麥金塔平台開發 Office 這套特別能提高生產力的軟體。過去，微軟只是偶爾、零星地發佈麥金塔版本的 Office 軟體，這導致了許多蘋果顧客轉而改用視窗系統，現在，蓋茲承諾適時有序地發佈，麥金塔版本的 Office 次數將與個人電腦版本相同，更好的是，麥金塔版本的 Office 將利用蘋果 OS 作業系統的代替能力。[15]

蘋果公司的瀕臨破產，示範了溢價的雙重角色。溢價創造一種排他感，以及令人羨慕的利潤，維持有限的顧客數。這種利基策略可能非常成功而且長期可續，保時捷（Porsche）或愛馬仕（Hermés）就是典型例子。但是，在有強烈間接網路效應的市場上，溢價會降低公司提供事業成功要素——互補品——的誘因，在這種環境下，溢價難以維繫。事實上，溢價使蘋果公司付出代價——喪失成為個人電腦運算領域龍頭的機會。*

---

* 即使是現在，蘋果在個人電腦單位出貨量的市場占有率也一直停留在 12% 左右。

當然，蘋果的困境反映的不只是缺乏動人的軟體而已。1995 年的產品缺貨，設計失當的授權方案，令人困惑的行銷部門改組，糟糕的存貨管理，這些結合起來，削弱該公司。[16] 但是，再加上有強大網路效應的競爭者，該公司就陷入嚴重麻煩了。賈伯斯回憶，前蘋果公司執行長吉爾·阿梅里奧（Gil Amelio）曾打趣地說：「蘋果公司就像一艘底部有個洞的船。」[17] 那個洞就是缺乏網路效應，遺憾的是，阿梅里奧以為他的職責是把船導往正確方向，但他怎麼沒把那個洞給堵起來呢？

▎快速進帶

把 1997 年的啟示應用於蘋果的現況，應該蠻有趣的。＜圖表 8-6＞顯示了蘋果在行動作業系統市場的占有率 [18]，該公司是否再次陷入麻煩了呢？

從＜圖表 8-6＞很容易看出相同情境，蘋果公司賣昂貴的手機，創

圖表8-6　行動作業系統的全球市場占有率

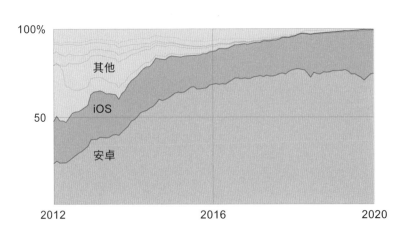

造一種排他感。在此同時，與之競爭的平台——谷歌的安卓系統——是比較不昂貴的器材的預設作業系統，稱霸全球市場。這不是 1980 年代和 1990 年代的重演嗎？難道安卓是新的視窗？

確實有相似性。使用者數量少的作業系統難以持續，例如視窗手機從未流行起來，微軟在 2020 年放棄行動電話平台。不過，微軟在手機領域的失敗並不是因為網路效應，網路效應在這個市場上並未扮演顯著角色，因為使用者不論使用哪種作業系統，都能很容易地彼此連結。再者，每個平台上都可取得相同的行動電話應用程式，因為行動應用程式的開發成本通常遠低於充滿特性的個人電腦軟體的開發。[19] 就連市場占有率微小的微軟，其行動應用程式商店都有超過 50 萬種產品。[20]

對蘋果公司而言，關鍵疑問是互補品供給者會不會繼續為一個市場占有率 20% 的作業系統發展產品及服務？若互補品的生產成本不是太昂貴，答案是：會，那麼蘋果將繼續繁榮。但是，若互補品的生產需要重大、且可能國家性質的投資，蘋果將承受壓力，例如，在印尼，蘋果的市場占有率已經降低至不到 6%。技術一旦演進至包含昂貴的手機與互補品整合（想想金融服務、運輸、及保健領域的應用程式），開發商將再度偏好擁有最大數量使用者的作業系統，在手機市場，這指的是安卓作業系統。雖然，無人能預知技術的演進軌跡，了解發展互補品的成本可能如何提高或減弱網路效應的重要性，這是每一個策略師的工具箱中必備的一項重要技巧。

精明的策略師

在一個有強大網路效應的環境中經營企業，具有相當的挑戰性，因為反饋迴路加快變化：似乎在轉瞬間，現金就不再被做為支付工具了；娛樂應用程式 TikTok、電子商務企業拼多多，這些平台幾乎在一夜之間贏得數億名用戶。在其他例子中，網路效應阻礙變化：它們使一些平台竄升，在它們所屬的產業中制霸數十載。網路效應創造騷亂及難以撼動的地位；他們生成龐大的改變機會和幾乎永久不變的競爭結果。**在這種環境中，你應該採取什麼心態？我認為，想像力和警覺性是最重要的兩種特質。**

想像力

　　一個普遍抱持的觀點是，產業要不具有網路效應，要不具有。這種心態太狹隘，許多公司靠著創造原本不存在的網路效應，獲得競爭優勢；也有公司藉由把既有的網路效應變得更強大而取得成功。蘋果的FaceTime 服務為擁有 iPhone 及 iPad 的顧客創造新的網路效應；UberPool 在想前往相似目的地的乘客之間提高網路效應。

　　在思考如何借助網路效應來提高你的顧客的 WTP 時，別聚焦你的產業的現狀，別注意你的公司能否受益於目前的網路效應。你應該思考擁有你的產品的那些人，若其他人也採用相同的產品，他們可能如何受益？讓你的想像力馳騁。

警覺性

　　就算你的公司缺乏創造網路效應的機會，其他公司可能成功地創造它們，由於網路效應會創造顯著的先發者優勢，你必須盡早辨別萌芽的網路和前景看好的平台。密切注意不只你的競爭公司，還有供應商，近年的商業史顯示，後者可能變得特別強大。在許多供應鏈中，線上平台是一種近年發展出來的現象，但是，一旦它們建立，就難以被取代，而且，它們可能會吃掉你的一大部分獲利。美國的線上餐廳預訂服務平台OpenTable 就是一個好例子，這個平台向餐廳索取一筆固定月費，外加每個預訂抽取一筆佣金。[21] 在一個利潤往往低於 5% 的產業，一筆 OpenTable 預訂可能使一家餐廳的淨利被刮走高達 40%。[*22]

你的餐廳別無選擇，對許多用餐者來說，一家沒在 OpenTable 平台上列名的餐廳，就形同這餐廳不存在。其他競爭平台如 Resy、Reserve、Tock，全都是在 2000 年代初期進入市場，但都不成功。「當只有十家其他餐廳在 Resy 平台上列名時，你不會想冒險嘗試，而且可能因此損失營收」，達拉斯的餐廳業者布魯克斯・安德森（Brooks Anderson）說：「OpenTable 就跟可口可樂一樣，無處不在，……，人們害怕改變。」[23] 餐廳業者學到慘痛教訓，對個體而言理性之事——人人都想在最大的平台上，就會對整個產業構成大挑戰。**讓一個平台變成獨大，是一個致命的策略錯誤。**

---

* 這種情形對成功的平台而言並不少見，例如，線上旅行社向旅館索取 15% 的佣金，這相當於旅館淨利的 35%。

本章結論

　　我發現，我們現在把很多的網路效應視為理所當然。還記得當年為了尋找資訊，得去一趟圖書館嗎？想找尋高中同學，得翻閱畢業紀念冊及電話簿？估計交通流量是一門藝術，不是一門科學？辛苦地一間又一間店地尋找我們想購買的產品？網路效應支撐許多大大地影響我們現今生活與工作的企業，科技使促成這些進步，但網路效應是這些企業建立、並吸引人才和資本，使它們得以大規模提供服務的原因。

　　思考網路效應時，以下洞察特別引起我的注意：

- **網路效應透過互補品或經由平台來直接連結使用者，進而提高 WTP。** 創造網路效應的公司得以提高 WTP，在此同時，它們也限制了競爭。
- **市場占有率不是預測獲利力的適當指標。** 絕對別以市場占有率做為策略目標，但是，有網路效應的市場例外，網路效應為公司帶來更多使用者和更高的市場占有率。
- **像臉書那種贏家通吃的結果很少見。** 有趣的是，地理性既限制、也促進網路效應的策略價值，若網路效應是地方性質，不同的公司在不同的市場上勝出。不過，若市場夠小眾，它們比較可能傾斜，形成單一一個贏家。淨結果是各地有各地的冠軍。

　　網路效應的黑暗面是它們限制競爭程度。臉書、谷歌、阿里巴巴之類的公司是否已經變得「太大」，這是個熱議話題。[24] 為了解答這個問題，我們必須把網路效應促成的顧客愉悅度拿來和它們限制競爭所導致的成本互相比較。當然，這並不是一個新問題，對自然獨占——鐵路及公用事業之類的公司，受益於規模的程度大到沒有別的公司能與之競爭——的管制也涉及類似的消長取捨，但有一個重要差別：往昔的自然獨占使用它們的市場力量來抬高價格，降低顧客愉悅度，現在的情形通常相反。低價會限制競爭與創新到相當嚴重的程度，以至於我們最好放棄網路效應帶來的部分當前好處嗎？我們不知道。

第 9 章

劣勢者的策略
小，是我故意的

網路效應有益於較大的公司和它們的顧客，率先規模化的公司將取得顯著優勢，因此，公司總是瘋狂地急於搶先建立一個具有網路效應的事業。但是，那些落後的公司呢？小企業呢？那些只有有限數量顧客的公司，能有什麼有效策略嗎？有！較小的公司成功地和受益於網路效應的較大組織競爭（有時甚至取代它們）的例子很多，一些較小的企業靠著創造不反映規模的顧客愉悅而取得成功，其他較小的企業則是靠著偏袒平台上的一個群體而取得成功。此外，服務一小群顧客，也能獲得優異績效。我們來看示範這三種策略的一些例子。

創造不反映規模的顧客愉悅

我們已經在前文看到過這種策略。還記得曾經是個小型新創事業的淘寶如何擊敗 eBay、繼而成為在中國市場上囊括 85% 占有率的龍頭平台嗎？由於 eBay 之類的平台受益於網路效應，這使得淘寶的成功更加令人驚奇。事實上，就是網路效應使得當時的 eBay 執行長梅格・惠特

圖表9-1　網路效應與競爭優勢

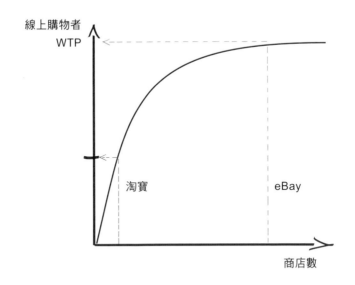

曼那麼信心滿滿地認為她能夠在中國市場上勝利。

從淘寶的立場來看，當時的競爭情勢必然顯得令人卻步（參見＜圖表 9-1＞）。率先進入市場的 eBay 已經吸引了遠遠更多數量的顧客，這吸引更多商店進入這個平台，這是典型的網路效應情節，淘寶怎麼可能追趕得上？淘寶找到別的途徑去提高 WTP！在支付寶和阿里旺旺之類的服務提供助力之下，再加上一個較佳的網站設計，以及買家和賣家雙向評價制，淘寶提高、並最終比得上 eBay 取悅顧客的能力。淘寶靠著發展與規模無關的取悅顧客的特色，先是迎頭趕上、最終超越 eBay。

網路效應雖強大，但切記，真正重要的是 WTP 和顧客愉悅度。從這個意義上來說，網路效應沒什麼神奇的 [1]，網路效應促成的 WTP 提高，並不會比優異點子、更愉悅的顧客體驗、或較不昂貴的互補品促成的 WTP 提高更有價值。

迎合平台上的某個群體：藝市

2015 年 10 月 8 日對藝市（Etsy）——著名的手工藝品線上市集——而言是黑暗的一天，亞馬遜在這天推出 Handmade 平台，和藝市的業務直接競爭。《今日美國》（*USA Today*）的一篇報導使用唱衰味道濃厚的標題〈亞馬遜推出藝市殺手〉（Amazon Launches Its Esty Killer），藝市的股價瞬間應聲下跌 6%。[2] 亞馬遜的優勢顯而易見，「藝市……有理由擔心」，CNBC 的記者凱薩琳‧克利福（Catherine Clifford）解釋：「雖然，該公司已經有和手工藝創客運動結合的知名品牌，但亞馬遜的顧客群以及它為創客提供的潛在曝光機會遠遠更大。據估計，亞馬遜有 2.85 億名活躍購買者，藝市只有不到 2,200 萬名。」[3] 別忘了，**在平台競爭中，規模致勝**。

然而真的是這樣嗎？自亞馬遜入市競爭後的五年間，藝市的營收成長超過三倍，它的股價上漲十倍。**藝市和 Handmade 能夠並存的一個原因是，它們的平台偏袒不同的群體**。亞馬遜明確地站在顧客這一邊，它的事業的每一個特色設計都是以顧客為考量；反觀藝市的創立是為了支持手工藝人，服務手工藝運動。這定位差異性呈現於許多方面，藝市對賣家索取較低費用，並且立即發放成交款項給他們，而亞馬遜先保留賣家的款項。藝市有很長的支持創客運動史，投入大量的賣家教育和社群支援，該公司於 2015 年公開上市時，向賣家提供 IPO 前購股方案。亞馬遜堅持控管賣家和他們的顧客之間的溝通及互動，藝市的手工藝人能夠獲得接觸顧客的資訊，並在他們的出貨中加入推銷材料。[4] 藝市的一個賣家蕾拉‧巴克（Lela Barker）解釋這兩個平台的基本差異：「藝市已經培養出一個世代的老練創客，亞馬遜現在可以收割賺錢，這是亞馬遜精明的商業行動，但創客社群並未因此蒙受更多益處……。我擔心，手工藝品賣家對亞馬遜而言只不過是搖錢樹罷了。」[5] 蘿瑱‧羅曼（Robin

Romain）製作古怪的寵物愛好者衣服及飾品，在這兩個平台上銷售，她說：「亞馬遜總是站在顧客那一邊，可能讓手工藝品賣家落入不利處境，尤其是供應客製化產品的賣家。」[6]

平台服務多個顧客群，雖然，許多平台為所有顧客群創造價值，但它們的一些選擇背離組織的原始定位。一個按照利潤來排序旅館的旅遊網站，它首要服務的是旅館業；一個按照顧客評價來排序旅館的旅遊網站，其定位正好相反。在 B2B 領域，買方導向和賣方導向的平台差異性尤其明顯：一個極端是採購平台側重服務買方，創造採購效率；另一個極端是賣方導向的平台，這種平台往往就像企業名錄。一些平台歷經時日演變，例如，阿里巴巴起初是賣方導向，歷經時日，變得更側重買方。[7] 在買方導向和賣方導向平台相互競爭的市場上，兩者都不能完全忽視另一方的黃金顧客群。[8] 在與亞馬遜的 Handmade 競爭下，藝市已經變得不那麼賣家導向，它現在的一些決策模仿亞馬遜，例如提供免運費。不過，儘管相似性增加，深層意義上的差異仍然存在。

若你的公司是一家創建一個大平台的小公司，可以思考你的平台能否藉由聚焦於為你的競爭者不那麼重視的一個顧客群提高 WTP，以創造有意義的差異化。**藝市就是這麼做——保持高度聚焦於其賣家的成功，因而得以成功地和亞馬遜這個超級大咖競爭。**

▍服務一小群顧客：約會網站 eHarmony

當平台和受益於網路效應的較大對手競爭時，這很有可能是它們採取的最反直覺的一種策略。你如何靠著當小蝦米來成功對抗大鯨魚呢？以線上約會為例，每月有 3,500 萬造訪者的 Match.com 是美國最大的約會網站[9]，eHarmony 之類的競爭者與之相比是小巫見大巫，但 eHarmony 仍然存活繁榮，該公司甚至能夠對遠遠更小的尋求約會顧客

圖表9-2 同邊及跨邊網路效應

Ⓐ 跨邊網路效應：潛在對象的選擇更多將提高WTP。

Ⓑ 同邊網路效應：潛在互競的追求者增加，使競爭程度提高，
將降低WTP。

群索取溢價。[10] 更令人驚訝的是，eHarmony 缺乏基本服務（例如，該網站沒有搜尋功能），並且限制其用戶在任何一天能夠見到的潛在約會對象數量，這樣的經營模式，如何能獲得成功呢？

為了解 eHarmony，試想，當一個約會網站開始吸引更多顧客時，會發生什麼情形？伴隨會員數成長，WTP 將不增反降。[11] 對一個想找女性約會的一個男性來說，愈多女性加入網站，他的 WTP 提高，這是典型的網路效應，有時被稱為「跨邊網路效應」（cross-side network effect），因為它描繪平台上不同群體之間的關連性（參見＜圖表 9-2＞）。相反地，隨著更多男性加入網站，想找女性約會的男性的 WTP 將降低，因為他們現在面臨更大的競爭，此時的「同邊網路效應」（same-side network effect）為負。

Match.com 這樣的超大網站提供數百萬個選擇，但競爭激烈，eHarmony 之類的較小網站的兩種效應更適中，選擇與競爭這兩者之間的權衡幫助約會者挑選他們偏好的網站。若尋找一個戀愛對象對某甲而

言很重要的話，一個穩定交往關係最令他快樂，被拒將令他特別痛苦，那麼，對某甲而言，eHarmony 是更好的選擇，因為該網站不提供搜尋服務，且限制每天提供的媒合對象數量，這些限制了競爭程度。

　　現在來看某乙，只要有個出去約會的對象，他就會感到快樂，被拒仍然令他不愉，但沒那麼痛苦。那麼，對於 eHarmony，他會這麼想：「我幹麼為比較少的選擇支付更高的價格呢？」eHarmony 的訂價政策是幫助約會者決定他們偏好的網站的一個因素，那些尋求穩定關係的人會湧向 eHarmony，這將進一步改善他們在這個網站上的體驗。安琪拉・吉（Angela G.）的敘述具有代表性：「我非常喜愛 eHarmony，在 Match. com 或 Plenty of Fish 之類的其他網站上，我都無法成功找到對象，但在 eHarmony 上，我得到……好結果，他們真的可以幫你找到合適對象。」[12] 這裡的重要洞察是：**每一個大平台服務許多不同類型的顧客，但是，不同類型顧客的吸引力不同，為那些非常重視彼此的個人建立一個較小的平台是一個不錯的策略。**

比臉書早，但卻未成功：Friendster

　　未能注意平台參與者的相互吸引力的差異性，可能產生嚴重後果。你還記得比臉書更早問市的社交網路 Friendster 嗎？ Friendster 非常受歡迎，事實上，它太成功了，以至於它無法服務每個想加入的人，它的技術和財務能力趕不上用戶數的成長。「Friendster 有很多技術問題」，該公司的創辦人強納生・阿布拉姆斯（Jonathan Abrams）回憶：「有長達兩年期間，人們難以登入網站。」[13] 為應付這個窘境，Friendster 決定以「先到先得」的原則來註冊新用戶，這是一大錯誤，因為該網站的用戶分散各地。Friendster 在北美有很多粉絲，但在印尼也很夯，這個網路中加入更多的印尼人，並不會提高絕大多數美國人的 WTP，因為他們沒有印尼友人；同樣地，美國用戶數增加，對絕大多數印尼人沒有價值。以「先到先得」原則來註冊新用戶，導致 Friendster 的網路效應被稀釋，這使其競爭困境雪上加霜。拿 Friendster 和臉書相較，後者起初聚焦於單一一所大學，接著加入一些大學，這樣逐步建立起強大的網路效應。臉書最終能夠制霸全球，正是因為它在早期限制它的成長，創造小社群，這些小社群的成員非常重視彼此的連結。

印度的社交網路 ShareChat 採行相同的策略，以 14 種地方性語言提供其服務。「印度網民很難搜尋方言內容的資訊，」ShareChat 的共同創辦人暨執行長安庫許・薩奇迪瓦（Ankush Sachdeva）解釋「Quora 或 Reddit 之類的平台為說英語的使用者解決了這問題，但沒有有系統地以印度語言展示的格式。」[14] 由推特等股東支持的 ShareChat 聚焦較小的方言及內容，每月吸引 1.6 億名呼籲使用者，使得該網站在印度的受歡迎程度跟 Instagram 相近。[15]

為了加強較小顧客群的相互吸引力，一些公司聰明地區隔它們的服務。舉例而言，伊斯坦堡的 MAC 運動俱樂部（MAC Athletic Club）提供三類會員等級，高級會員對健身有最高的 WTP，該俱樂部對他們索取溢價，讓他們使用特別具吸引力的設施。MAC 也是那些尋求指導該公司的高級客戶的個人教練索取溢價，媒合那些高度重視健身的會員和個人教練，對這兩方都具有吸引力。

若你試圖建立一個將受益於網路效應的事業，**「聚焦有限的一群顧客」並不是最直覺的建議，卻是個不錯的建議。聚焦於服務一群最受益於連結彼此的用戶，也許能讓你和規模大很多的平台競爭。**

本章結論

早年研究那些受益於網路效應的公司時，許多投資人因為這些公司將會制霸它們的市場，「快速擴大規模，別管獲利力」成為箴言。[16] 這種方法嚴重錯誤，理由有二：我們在第 8 章看到，地理性往往限制網路效應的力量；在這章，我們看到，具有網路效應的市場往往仍然相當競爭，因為比較小的公司找到支撐下去的方法。

- **劣勢者以不倚賴規模的方法來提高 WTP**。網路效應是提高 WTP 的一種方法，但還有許多其他方法可用以提高 WTP，只要這些方法不需要大投資，較小的組織在利用它們時，就不會處於劣勢。
- **劣勢者迎合被忽視的群體**。多數平台偏袒特定群體——顧客或賣家，因此，服務不受照顧的群體，可以產生有意義的差異化。
- **劣勢者聚焦一小群高度重視連結彼此的顧客**。用戶數常是被用來衡量網路效應強度的一個指標，但這是一個有缺點的指標，因為實際上，顧客對於和不同群體連結的看重程度不一。龍頭平台有最大數量的使用者，但較小的公司可以建立側重高價值連結的事業。

第三部

為「員工」、「供應商」創造價值

第 10 章

為員工創造價值

讓他們感覺被傾聽

探討完公司提高 WTP 的主要方法——更吸引人的產品、互補品、網路效應——之後，我們轉向價值桿的下端，探討公司如何為員工和供應商創造價值，以改善財務績效。

我們首先看員工的部分。服務業佔先進經濟體的大宗——美國 GDP 有近 80% 由服務業貢獻，服務業的成本和它們為顧客創造的價值大大地受到員工投入程度的影響。你如何吸引有才能、有幹勁的工作者？工作者從工作中獲得的快樂及滿足是薪酬和願售價格（WTS）之間的差距，若公司只支付留住員工所需的最低薪酬，薪酬就相當於 WTS。公司有兩種改善方法：提高薪酬，或使工作變得更具吸引力。

乍看之下，更豐厚的薪酬和改善的工作環境這兩者能產生相同效果——更高的員工滿意度。雖然，最終結果可能相同，但這兩種策略有重要差別（參見＜圖表 10-1 ＞）。提高員工薪酬將使公司的利潤降低，而且，**這麼做並未創造價值，只是把價值重分配。更具吸引力的工作環境則是會降低 WTS——一個人願意接受這份工作的最低薪酬，從而創造更多價值。**

圖表 10-1 提高員工滿意度的槓桿

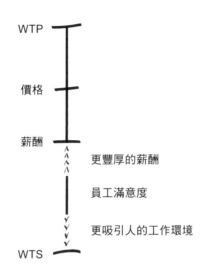

那些設法降低 WTS 的公司不僅有更滿意的員工，它們也吸引那些特別重視公司用以降低 WTS 的方法的工作者。舉例而言，在佛羅里達州營運醫院和門診中心的 BayCare 以訓練品質享譽全美 [1]，它的創新方案包括個人訓練計畫、經常與高階領導人互動，難怪 BayCare 對於那些重視持續訓練和教育的保健專業人員特別具有吸引力。Uber 是公司受益於「選擇效應」的另一個例子，它記錄乘客身份，並且讓司機對乘客評分，藉此使司機的工作更加安全。其結果是，Uber 的女性司機數量是美國一般計程車公司的女性司機數量的兩倍。 [2]

這種選擇效應若有助於吸引及留住有才幹的員工，就特別有價值，因為這些人才能創造大不同。諾斯壯百貨公司（Nordstrom）的最佳銷售員的銷售額是一般銷售員的八倍，蘋果公司的最優秀軟體開發工程師的生產力是科技業一般軟體工程師的九倍。 [3] 僅靠優渥薪酬來競爭優異人才的公司將不會受益於這種選擇效應,為什麼?因為人人都愛錢!

　　雖然,側重薪酬的人才策略較無法產生顯著的選擇效應,錢仍然是人人都愛,當然可以做為一個強項,只不過,企業很容易高估提高薪酬的吸引力,尤其是對那些待遇本來就較佳的員工。德國的鐵路公司德鐵(Deutsche Bahn)向其員工提供三個選擇,其一是薪資調高 2.6%,其二是每週工時減少一小時,其三是每年多六天休假,結果,58% 的員工選擇每年多六天休假。④ 以錢交換的機會愈來愈盛行,尤其是在已開發經濟體和較年輕的員工群。*⑤

　　每一種產生更佳工作環境的方案都會創造價值,但是,若方案昂貴,公司就更難獲取這價值,因為伴隨 WTS 降低,成本將提高。**本章將探討公司同時從人才創造和獲取價值的機制。**

▍奎斯特診斷公司的工作品質

　　瑪莉安・卡馬喬(MaryAnn Camacho)第一次走進奎斯特診斷公司(Quest Diagnostics)的其中一個電話客服中心時,立刻注意到有一大群人正在等候。⑥ 那天稍後,她被告知,那些表情緊張的人是新的客服人員,大約 50 人。卡馬喬是奎斯特診斷公司的高階執行總監,這是一家臨床實驗產業龍頭公司,年營收近 80 億美元,她回憶她當時的疑惑:「一個 400 名員工的電話客服中心,有 50 位新進的客服人員?」卡馬喬很快得知,該公司的員工離職率高,60% 的客服人員在入職後的頭一年就離職,導致奎斯特每年超過 5,000 萬美元的成本。更糟的是,高離職

---

* 薪酬仍然是較貧窮的工作者的第一優先,例如在中國,80% 的移工表示,「低薪」是他們打算離開目前工作的原因。

率經常導致糟糕的服務，甚至失去客戶。

　　在奎斯特的電話客服中心工作很不輕鬆（2020 年的全球新冠肺炎疫情使得工作更艱辛），850 名客服人員和 50 名督導每天要接 55,000 通電話，大多數跟病患的檢驗結果有關。和醫生及醫院的交談內容通常是技術性質，需要客服人員對檢驗程序和奎斯特的 3,000 種診斷檢驗有基本的了解。該公司對新進客服人員提供六週課堂訓練，並要求每一個新員在接受訓練後，和一位有經驗的員工並肩工作兩週。2015 年，卡馬喬進入奎斯特時，時薪起薪為 13 美元，這相比於當時其他電話客服中心的時薪水準已經稍高。當時，奎斯特使用電話等候時間、每小時完成的電話服務數等指標來評量績效，表現良好的客服人員在服務滿一年後可獲得 2.5% 的加薪。儘管有此獎勵，電話客服品質仍然很差，經常令醫生及病患感到不滿。

　　想像你擔任卡馬喬的職務，你會如何改善這個電話客服中心？**你能藉由降低成本、甚至提高顧客 WTP 來為奎斯特創造競爭優勢嗎？** 在卡馬喬的領導下，電話客服中心推動徹底轉型，員工離職率從 36% 降低至16%，非計畫性缺勤率從 12.4% 降低至 4.2%，60 秒內接起電話的比例從 50% 提高至 70%，就連第一通電話完成率和每小時完成的電話服務數也提高。這轉型的基石不難看出：**更具吸引力的工作環境**。為了建立一個更好的工作環境，卡馬喬和團隊遵循一個已在許多組織中證實成功的流程的要素。[7]

打破惡性循環

　　奎斯特陷入一個惡性循環，糟糕的電話客服中心績效導致高離職率，這使得公司難以投資在員工，卡馬喬必須設法打破這個惡性循環。她成功打破此惡性循環的做法是提高每個人的基本薪酬，推出獎勵年資和在職績效的獎勵方案。奎斯特也為電話客服中心員工建立清楚的資歷發展途徑，為他們提供更長期的前途。在每月績效評量與檢討時，督導員開始和每一位客服人員討論績效、個人目標、以及資歷發展軌跡。

- **高期望**——卡馬喬非常清楚地表達她懷抱高期望，她擴大績效指標，制定更嚴格的出勤政策。「不可以讓績效差的人繼續……，因為這會像癌症般擴散至整個團隊」，她解釋。[8]
- **使工作變得更容易**——為了使工作變得更容易，該公司設立廣泛的自助選項，把電話量減少 10%。奎斯特也在每個客服小組中加入一位領域專家，提供更深入的技術專長。
- **建立能力**——在離職率降低之下，訓練變得更有意義與價值，奎斯特調整聚焦點，改為聚焦於顧客。「以往的訓練聚焦於功能」，奎斯特的訓練主管說：「現在，我們能夠訓練員工了解我們做事方式背後的『為什麼』。」[9] 員工可以申請成為一個新設立的奎斯特管理制度（Quest management system，簡稱 QMS）團隊的成員，這是一個中央資源，專長於持續改善的技巧與方法。在申請成為 QMS 團隊成員時，客服人員必須提出七項流程改進建議。若被核准進入 QMS 團隊，他們將被教導 Excel 軟體、資料收集、解決問題根本原因、甘特圖（Gantt charts）、以及管理會議及變革的技巧。電話客服中心的各小組也相互競爭以成為模範群（model pods）：負責提出建議和實行流程改善的團隊。「每個督導員都非常渴望有投資和訓練，並且相信他們確實能做模範群的工作，他們的表現太令我們驚訝了」，卡馬喬回憶：「我的幕僚們感動到淚水盈眶，有人說：『我不知道他們會這樣，我難以相信我所看到的』，我說：『你只要邀請他們參與，他們就會成功應付困難與挑戰。』」[10]
- **落實變革**——QMS 團隊和模範群很快就發現把工作變得更容易

及更有效率的方法：雙語客服人員現在會事先得知一個來電者的語言偏好，這使得每通電話可以節省約 20 秒；客服人員現在從他們的桌上型電腦就能發送傳真，不再需要離開座位去位於中央區的傳真機上操作；當呼叫一位醫生時，通知內容包含病患身份，以便在醫生回電時更易於取出相關的實驗室檢驗結果。模範組認為最棒的點子被快速地在整個體系中實行，創造了非常明顯可見的改變及動能。

有價值的建議也來自「前線意見卡」（frontline idea cards，簡稱FICs）。麻省理工學院史隆管理學院教授潔妮普・湯恩（Zeynep Ton）研究奎斯特的轉型時，訪談電話客服中心人員，許多人特別讚賞這種意見卡，一名受訪的客服人員說：「FICs 是最重要的變革，……，它讓我們可以說：『嘿，我們需要某人或某個東西來協助我們，我們需要到位的工具或流程』，我們可以參與其中，幫助實現這些變革。」另一位客服人員說：「設立 FICs 之前，你從來就不覺得你的意見被傾聽，你可以向某人反映什麼，但就沒有下文了。現在，有了 FICs，感覺就像管理階層重視我們的意見和我們的感覺。」[11]

- **轉移所有權**——奎斯特的由下而上方法，**刻意地把持續改革的責任轉移給個別客服人員及團隊**。模範群每天舉行快閃會議——由小組的督導員挑選的一位客服人員主持的簡短會議，湯恩教授指出：「起初，客服人員不知道怎麼做，但歷經時日，快閃會議變得更有條理，小組成員在快閃會議中討論績效指標、改善意見、以及目前的專案。」[12]

- **肯定進步**——奎斯特對傑出績效做出獎勵，有財務性獎勵——例如，公司設立 6% 的獎金池，也有比較象徵性的，例如，驚歎電話（wow calls）肯定獲得客戶讚美的員工；百分俱樂部（100

Club）成員——在監聽客服電話中做到完美表現的客服人員——獲得一份免費點心；產生顯著影響的 FICs 獲得小禮物做為獎勵。研究奎斯特轉型的湯恩教授讚揚該公司應用她所謂的「好工作策略」（Good Jobs Strategy）：「結合投資於提升員工生產力、貢獻、與激勵的四項營運選擇，這策略創造了優異價值。這四項選擇是：聚焦與簡化、標準化與授權、交叉訓練、給予寬裕工作時間（operate with slack）」[13]

WTS 及生產力

關於奎斯特的轉型，有兩項觀察特別引起我的注意。**第一，沒有一項變革是開創性、前所未聞的創新**，研究服務品質的學者認識奎斯特轉型旅程中採取的許多措施。推動組織改革需要的是深思熟慮且細心地圖謀創造一個更具吸引力的工作環境，確保顯著降低 WTS。藉由降低 WTS 和提高薪酬，奎斯特提高員工滿意度，進而大大降低離職率。

第二，奎斯特的轉型例示 WTS 的改變如何引致成本的改變。奎斯特能夠提高其電話客服人員的薪酬，同時又控制支出，是因為它提高了電話客服人員的生產力。*奎斯特的財務資料顯示，每通客服電話成本維持不變。換言之，**該公司把效率提高帶來的全部價值轉給員工——那些想出種種方法來更聰敏地工作的人**（參見＜圖表 10-2 ＞）。

跟許多服務業一樣，較好的工作環境也會影響服務品質及顧客的

＊價值桿呈現的是每單位產出的價值，例如，在奎斯特的例子中，它呈現的是每通客服電話的價值。若生產力提高——例如，電話通話時間縮短，將使每通電話的成本及 WTS 提高；直覺地說，對於較短的工作時間，WTS（一個人要求的最低薪酬）將降低。假設我要求你接 20 通客服電話，若處理這些客服電話只需要花半天，不再是花一整天，你的 WTS 將降低。

圖表 10-2　生產力提升使得員工 WTS 降低，顧客 WTP 提高

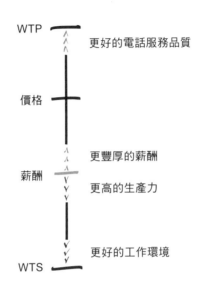

WTP。「以前，我的商務團隊會打電話或發電子郵件說：『喂，你的電話客服中心搞砸了這些關係，害我剛剛損失了一百萬美元的業務。』⑭ 現在完全不再發生這種情形」，卡馬喬的上司吉姆・戴維斯（Jim Davis）說。電話客服品質的改善雖不易精準量化，但它可能隱含奎斯特的轉型創造了種種福祉——**客服人員獲得更好的工作環境和薪酬，公司獲得更好的財務績效。**

▍降低 WTS 的方法很多

降低 WTS 的方法很多，為了辨識這些機會，你必須對組織裡執行工作的方式、每項活動帶來的樂趣和涉及的挑戰、員工在他們的日常工作中如何應對變化等等有一定程度的了解。為了尋找提高 WTP 的方法，需要深度了解顧客，同理，為了辨識降低 WTS 的方法，必須熟悉你的員工及他們的工作生活。第 4 章討論 WTP 時，我們看到，狹隘地聚焦於產品和銷售量能帶來的助益通常遠不如用更寬廣的透鏡去檢視整個顧客體驗。同理適用於 WTS，使工作變得更具吸引力，這個目標涵蓋的範圍遠比優化流程更廣泛，因為工作只是我們每天執行的一套活動而已。工作包含無數的反饋、我們和同事共享的歡笑、我們面臨艱難工作時的焦慮感、員工餐廳裡的餐點選擇、我們早晨著裝時的快樂（或憂懼）等等，這些工作層面的任何一個都是可以改善的部分。

代班便利性降低WTS：Gap

以服飾零售公司 Gap 為例，它有 135,000 個員工，其中許多是非全職員工。[15] 為提高員工滿意度，一般人很自然會想到這些途徑：提供高於業界平均水準的薪資，提供更多訓練，讓店經理能更有效地激勵部屬。Gap 改善了零售業者通常不怎麼關心、但對非全職員工而言很重要的一個工作層面：可預測、且一貫的工作時間。在零售業，80% 的非全職員工說他們每週的工作時間不同，而且變動甚大，平均工作時數變動 40% 是很常見的事。此外，超過三分之一的零售業工作者在一週或不到一週前才得知他們的工作時間表，所以他們很難做任何的規畫。[16]

為了改善員工生活，Gap 和勞動市場專家團隊合作，這些研究人員要求從舊金山和芝加哥地區隨機選出的一群店經理做出四項改變：把各輪班的起始和結束時間標準化（這些時間曾經是每天、每週不同，取決於預期的客流量）；安排員工每週輪相同的班；對核心員工群提供每週至少 20 小時工時；容許員工使用「代班即時通」（Shift Messenger）應用程式交易工作時間（這套應用程式是專門為此目的設計的）。[17] 結果呢？相較於那些未參與這為期十個月實驗的商店，這些實驗商店的員工生產力提高 6.8%，銷售額提高近 300 萬美元。「代班即時通」應用程式特別有幫助，在整個實驗期間，三分之二的員工使用它，張貼於這應用程式上的代班交易超過 5,000 個輪班。這套應用程式也讓店經理可以收回員工想放棄的輪班，找到願意代班者，有效減少員工數，但不造成員工收入的意外變化。[18]Gap 的干預措施不僅提高員工生產力，員工也表示他們的福祉增進，睡眠品質也更佳。[19]

　　Gap 的實驗提供一個不僅適用於零售業、也適用於廣泛產業的重要啟示：**WTS 反映每一個與工作相關的活動，全面了解員工的工作生活可能找到許多可以提高員工滿意度的機會。**

▍支付市場價格

　　我發現，公司用以訂定價格的準則非常有趣。我和行銷主管交談時，總會詢問他們公司的訂價政策，他們的回答通常會提到「溢價」、「領頭訂價」、「價值導向訂價」、以及其他類似的概念。當我詢問人力資源專業人員有關他們的薪酬政策時，回答幾乎千篇一律：「我們支付市場價格」。

　　這種對照很有趣。當我們對產品及服務訂價時，我們思考差異性，直覺顧客會對優質產品支付溢價，中庸品質的產品則獲得折扣價格，我們了解沒有任何兩項產品是完全相同的，價格將反映它們的差異性。若雀巢公司（Nestlé）能夠以高價賣出水這種常見的產品，那麼幾乎所有產品都能在消費者心目中出現差異化。

　　但是，工作顯然就不同了。我們思考在市場上競爭人才時，我們的一開始的態度似乎認為工作是商品，各家公司大致相似，因此，我們必須支付市場價格，也就是對那些我們認為幾乎相同的工作支付相似的薪酬。為何我們對產品和工作抱持如此不同的觀點呢？若我們能夠對「水」做出差異化，我們豈不是有更大的機會去提供顯著差異化的工作和工作體驗？而且，這些差異性不是也應該反映在薪酬政策上嗎？

　　資料顯示，確實如此。美國的薪酬型態清楚顯示，各家公司對相似的工作支付的薪資大不相同。＜圖表 10-3 ＞顯示一個職業中薪資高於或低於該職業在地方市場的平均薪資水準的工作者比例。[20]

　　差異相當大，如＜圖表 10-3 ＞所示，一家公司支付的薪資高於或低於市場平均薪資（圖表中的 0% 直線）20% 的情形並非不尋常。當然，形成這種差異性的原因很多，相同職業裡的員工有不同的教育、經驗、及工作投入程度，各家公司的管理實務及文化不同，此外，特定個人和特定公司的職務要求之間的契合度可能顯著差別。把這三種薪酬差異性原因——員工技能水準、公司特性、個人與公司職務契合度——區分開來的研究發現，20%（美國）至 30%（法國、巴西）的薪資差異性是源於公司特性。[21] 若你不太相信有公司可以支付遠低於競爭公司的薪資、但仍然能吸引到相同素質人才，告訴你，資料顯示這樣的公司很多。如何能做到？這些公司投資在降低他們員工的 WTS 方案。

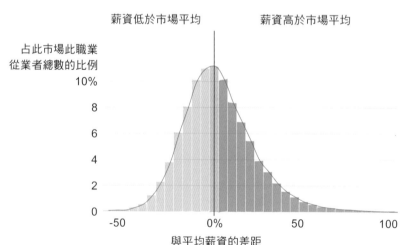

圖表 10-3　市場上相同職業的薪資差異情形

想在人才市場上具有競爭力，公司提供的待遇必須能和競爭者「匹敵」，但是，「**匹敵」不意味支付相同的薪酬（也就是支付市場價格），「匹敵」指的是為員工創造的價值——薪酬與 WTS 之間的差距——跟公司的競爭者不相上下。**

如＜圖表 10-4 ＞所示，訂定產品價格的邏輯與訂定薪酬的邏輯相同，在價值桿上端，公司提供優質產品以提高 WTP，然後，它們藉由索取溢價來分享這項額外的價值。只要價格的增加小於 WTP 的增加，顧客和公司都能受益。在價值桿下端，公司創造更具吸引力的工作環境以降低 WTS，然後，它們可以藉由降低薪酬來分享這項價值。只要 WTS 的降低大於薪資的降低，員工和公司都能受益。

但仍然有一個疑問：若價值桿兩端的價值創造和價值獲取邏輯相同，為何鼓勵溢價訂價感覺如此不同於主張降低薪酬呢？為何行銷經理和人力資源經理以如此迥異的方式敘述他們的訂價政策（事實上，這些

圖表 10-4　提高及分享價值的槓桿

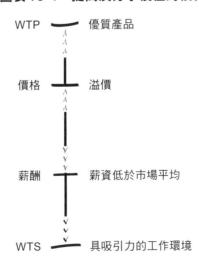

訂價政策相當相似）呢？我有兩個推測：

- **力量**——若公司先創造顯著價值（提高 WTP，降低 WTS），再獲得價值（透過溢價和降低薪酬），員工和顧客比較受益。但是，不保證公司會先創造價值，再分享價值。若公司未先提高 WTP，就先提高價格，顧客的福祉變差。在未改善工作環境之下，就先降低薪酬，員工福祉受害。當公司在未創造價值之下尋求攫取價值時，顧客和員工的境況大不相同，顧客有一個容易的補救法，他們不購買產品就行了。但員工的處境就困難多了，我們多數人需要我們的工作，辭掉工作將付出財務代價，而且往往心情低落，縱使這份工作提供不了什麼快樂滿足。沃爾瑪就是一個明顯的例子，當政治人物斥責該公司支付「飢餓工資」（starvation wages）時，他們的意思是低工資反映的是該公司的議價力量，而非致力於降低 WTS。[22]

- **經驗**——你對你的工作有多滿意？你的滿意度是否隨著時間改變？對幾乎所有人而言，是的。WTS 的許多成分取決於經驗，需要歷經時日，才能了解一份新工作的各個層面和一家公司的文化。當你犯第一個嚴重錯誤時，會發生什麼？公司會信守承諾，在下回合的升遷中考慮你嗎？低於市場水準的薪酬是立即且確定的，但更具吸引力的工作環境是需要歷經時日去感受的，當你在決定是否接受這份新工作時，你難以評估這家公司工作環境的吸引力程度。

靠降低 WTS 來競爭人才，雖是有可為的策略，但不容易，原因就在於力量和經驗。當你為你的公司考慮這個機會時，我有四點建議：

- **明確**——若你想藉由提供更好的工作環境來競爭人才，必須明確知道你要用什麼方法來降低 WTS。「我們有一個很好的文化」——這或許是一個真確的聲明，但工作應徵者難以驗證這個說詞。你應該設法提供更高的確定性，例如，你是否容許應徵者來體驗一天公司的工作環境？你是否讓他們私下和現有員工聊聊？你是否願意讓他們諮詢你的前員工？

- **可預測**——聚焦於那些能夠以可預測的方式降低 WTS 的方案。例如，彈性工時和居家工作的機會，這些易於理解，提供這些益處也相當容易。不意外地，新冠肺炎疫情前的研究顯示，選擇（且被容許）遙距工作的員工對工作感到更滿意，也更對公司更忠誠。[23]

- **有創意地分享價值**——思考種種和你的員工分享價值的方式。獲取改善工作環境所創造的價值的方法很多，降低薪酬只不過是其中一種，例如，向員工提供學費補助的公司可以因為這政策而吸引技能水準較佳的員工。[24] 我們在奎斯特的例子中看到，該公司分享價值的形式是員工生產力提高。

- **擴大現有益處**——你可能會認為，藉由增進工作福利及益處（例如提供更好的指導）或減少缺點（例如降低噪音）來降低 WTS，這兩者的效果相同。若兩種方案創造相似的價值，它們的效果應該相同，不是嗎？不，通常不同。想想員工如何選擇他們的職務，那些接受一個吵雜工作環境中的職務的人，大概不是很在意噪音，所以，降低噪音對他們而言價值不大。另一方面，若一個現有的指導制度已經吸引對獲得指導感興趣的員工，改善指導制度能為這類員工創造價值，因此降低 WTS 的潛力更大。通常，擴大現有益處帶來的效果優於限制現有缺點。

本章結論

　　根據我的經驗，在構成價值桿的四個元素（WTP、價格、成本、WTS）當中，WTS 是最不直覺的一個。但是，如同本章的例子所展示出來的，**藉由使工作變得更具吸引力來降低 WTS，這是為你的員工及公司創造價值的一個有效方法**。就這方面來說，以下幾點特別重要：

- **使工作變得更具吸引力，未必是很困難的事**。檢視員工投入程度調查，可能會發現，跟奎斯特診斷公司一樣，員工有許多使工作變得更愉悅的點子，採行那些同時也能提高生產力的點子。

- **為了找到降低 WTS 的好機會，必須熟悉員工的工作和生活有關連的許多環節**。避開尖峰時段以便通勤更愉快，重要程度與價值可能不亞於改善工作流程。

- **降低 WTS 的方案不僅提高員工滿意度，也會創造強而有力的選擇效應**。在競爭人才時，你的組織降低 WTS 的方法將吸引重視這些層面的人才。

- **在選擇降低 WTS 的方法時，思考你預期的選擇效應能不能支持你的事業目標**。舉例而言，谷歌放棄為美國軍方服務的賺錢機會，也放棄為中國發展一部搜尋引擎，因為谷歌員工認為這些計畫與當初吸引他們進入這個組織的價值觀不符[25]。2018 年時，谷歌把「不作惡」（Don't be evil）字眼從行為準則序言中刪除，但後來，員工選擇效應迫使該公司在軍方合約和持續員工熱忱這兩者間做出選擇，後者顯然更重要。

- **成功降低 WTS 的公司能夠以很多方式獲取它們創造的價值：** 有些公司提供低於市場水準的薪酬，有些公司獲得更高的員工忠誠度及員工投入度，多數公司吸引了更多的工作應徵者。

第 11 章

零工經濟與熱情

員工滿意度是關鍵

數位技術使公司能夠以菁英的方式競爭人才，尤其是彈性的增大開啟了創造價值的新途徑（參見＜圖表 11-1 ＞）。舉例而言，許多員工的工作時數不是他們偏好的時數，在一項近期的英國研究中，三分之一的男性和四分之一的女性表示他們想工作更少的時數，約 6% 的人希望工作更多時數。[①] 數位技術能幫助避免這種不匹配的現象，最極端的情形是，媒合工作者與工作的數位平台提供完全的彈性，TaskRabbit 平台上的維修工、Topcoder 平台上的軟體工程師、土耳其機器人（Mechanical Turk，簡稱 MTurk）平台上的資料輸入員，InnoCentive 平台上的科學家，他們不想工作時就不工作。

自由選擇工時：Uber

當個人可以選擇他們的工作時數時，能創造出多少價值呢？[②] Uber是個好例子，Uber 司機就是典型的零工（gig work）工作者，他們可以自由地進入及退出 Uber 應用程式，受到的限制很少，有些司機只在費

圖表 11-1　零工與熱情

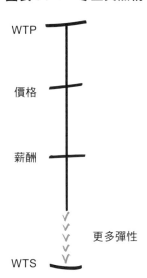

率特別高的最賺錢時段載客，有些司機在他們的主要工作收入較少時才載客。[*][③] 加州大學洛杉磯分校經濟學教授陳凱斯（M. Keith Chen）及共同作者計算 20 萬名 Uber 司機的 WTS，發現不同司機和不同時段的 WTS 差距非常大。[④] ＜圖表 11-2 ＞顯示費城的 100 名 Uber 司機在傍晚至晚上時段的 WTS。[⑤]

　　黑色點代表每位司機的平均 WTS，垂直線顯示此人在這時段的 WTS 變化區間。看看＜圖表 11-2 ＞中的第一個黑點代表的第一位司機，他的平均 WTS 是每小時超過 70 美元，但他的 WTS 區間從不到 40 美元（他的第 10 百分位）到超過 100 美元（他的第 90 百分位）。＜圖表

---

* 在美國，只有三分之一的共乘服務司機的主要收入來源是載客。

圖表 11-2　費城的 100 名 Uber 司機在傍晚至晚上時段的 WTS

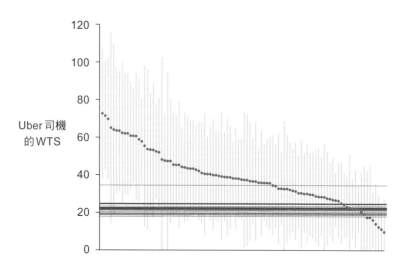

11-2 ＞中的橫線顯示一司機若在這樣一個傍晚至晚上時段出來載客的話，能夠賺到多少錢。這些橫線顯示，收入在每小時 20 美元上下。*在這些價值下，這第一位司機將不會在這時段出來載客，他的 WTS 總是大於每小時收入。事實上，此人顯然強烈偏好不在這時段工作，得每小時超過 70 美元，才能吸引他出來工作。也許是他得照顧他的小孩，或者，他可能顧慮晚上的安全性，或者，他的配偶晚上需要使用這輛家庭車。這時段會出去載客的是＜圖表 11-2 ＞中的右邊黑點代表的司機，他們在這時段的平均 WTS 是 11.67 美元。

　　我們可以從這些垂直線看出一般的工作者有多重視能夠選擇工作時

---

* 每小時 20 美元並不是司機的淨收入，他們得從這 20 美元中支付汽油和其他營業費用。

數的價值，在擁有完全彈性下，Uber 司機只在他們的 WTS 低於每小時收入時工作。把這相較於完全無彈性的工作——例如固定輪班的一般計程車司機：有時候，當他的 WTS 高於實際收入時——價值被摧毀時，他仍必須工作；有時候，當他的 WTS 低於每小時收入時，他沒能開車載客，失去一個創造價值的機會。根據陳凱斯教授及同事的計算，Uber 司機和無彈性的計程車工作安排之間的收入差距是每週 135 美元[6]，換言之，彈性創造的價值可高達 6.7 小時的載客！

▌隨需彈性工時

認知到彈性工時優點的，並非只有 Uber 之類的數位平台，許多企業已經採行彈性工時制。我們已經在上一章看到 Gap 使用「代班即時通」（Shift Messenger）應用程式，讓員工可以交易工作時間，其他的彈性工時政策包括：彈性改變工作時段；微靈活（micro-agility）——能夠自由地調節部分工時，例如為了參加小孩的學校活動而調節工時；部分工時工作；壓縮工時（compressed hours）——員工每週只有幾天全職工作；通勤時間最小化；職務共擔（job sharing）；以及更長期間的彈性機會，例如給薪假、帶薪長假（sabbatical），甚至可以上調或下調職涯，例如德勤（Deloitte's）推出的量身定製職涯制（mass career customization）。[7] 在近期對全球 750 家公司進行的調查中，60% 的公司說它們容許一些員工選擇幾點上班和幾點下班。三分之一的公司提供壓縮工時。[8] 全球疫情加速了這種彈性工作安排。

雖然，公司已經顯著推進了彈性工作安排，在許多公司，對彈性的需求仍然遠超過現行政策。人力資源新創公司 Werk 的共同執行長安妮‧迪恩（Annie Dean）和安娜‧歐爾巴（Anna Auerbach）詢問 1,500 名白領專業人員有關於工作場所的彈性，結果顯示，公司方案和這些專業人員的偏好之間存在極大落差（參見＜圖表 11-3 ＞）。[9]

更大的挑戰是彈性工時方案的接受度，推出它們是第一步，促使員工實際使用它們是另一步。專業服務公司是個好例子，幾乎所有專業服務公司都有彈性工時政策，但多數員工未利用它們。[10] 一個主要原因是，顧問及銀行人員認為要求彈性工時將損及他們的資歷發展機會，一位部門經理說：「這裡的文化是把你的身心貢獻給這家銀行，那些位居高層者就是這樣爬升到高層的⋯⋯。若你要求休假或彈性工時，你將被視為一個無能的人。」[11] 利用彈性工時政策的女性，她們的資歷發展前景特別容易受到傷害。[12]

你在思考透過彈性工作安排來為組織員工創造價值時，請切記以下幾點：

- **當組織的關鍵績效指標（KPIs）側重生產力，而非側重長工時時，員工比較可能利用彈性工時**。舉例而言，在計費工時的文化

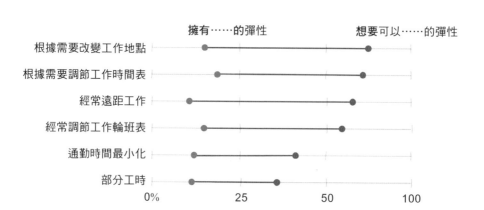

圖表 11-3　工作場所彈性落差，白領專業人員的調查

下，彈性工時方案不太可能產生效果。

- **以身作則很重要**。當一些高階經理人彈性工作時，整個組織會更正面看待彈性工時。⑬
- **公開談論談彈性工時的價值**。研究顯示，多數個人相信，其他人比他們更不正面看待彈性工時工作者。坦誠交談可幫助減輕這種集體偏見。⑭
- **克制讚揚長工時文化**。比價網站 Moneysupermarket.com 的人力資源夥伴主管凱特・漢普（Kate Hamp）解釋道：「當某人完成一項大計畫或贏得一個內部獎項時，我們請經理人別讚揚他投入很長的工作時間。」Moneysypermarket.com 建立一個有成效的彈性文化，側重分權化決策（由個人及團隊決定他們的彈性工時政策的參數）和非制式安排，和上司談論，而不是在工作合約中制定條款。⑮

▌結合熱情

　　在許多情況下，彈性相當具有價值，但當結合個人熱情時，效果更大。想想你的興趣，你特別喜愛什麼休閒活動？你熱愛園藝嗎？喜愛寫作？電影迷？我們的熱情大力影響我們的 WTS，我們全都有因為喜愛及樂趣而從事的活動，不需要給酬勞，WTS 為零（甚至為負值，若你願意付錢去做你的業餘愛好）。雖然，熱情會降低 WTS，我們花在自己喜愛的活動上的時間具有抵消作用，想像你熱愛園藝，你能把所有非睡眠時間都投入從事園藝活動嗎？除非你很富有，否則，你必須設法把興趣變成一份工作。你花在你的熱情上的時間愈多，從事這些活動就變得愈昂貴，因為你會喪失其他機會，尤其是賺取收入的機會，WTS 將反映這個時間機會成本。因此，把工作和個人熱情結合起來特別誘人。

　　過去，把人們的熱情和商業活動關連起來是蠻難做到的事，這涉及兩個主要挑戰，其一，不容易找到對特定工作有熱情的人，更重要的是，若要求一個對特定工作有熱情的人投入許多小時在其他工作上，他的時間機會成本也會變得相當高（因此，他的 WTS 也會相當高）。網際網路的問世大大降低了這兩個障礙，現在遠遠更容易找到對特定工作有熱情的人，他們可以以低密度量從事他們有熱情的工作，使時間機會成本不升高，進而維持低 WTS。

　　旅行作家、公民記者、平面設計師、書籍評論家、自由接案攝影師，在各行各業，熱情的個人從事他們最喜歡的活動。熱愛烹飪者的線上社群 Food52 經營一個廚房熱線時即時回答緊急或關注問題，這個廚房熱線有 5 萬名專業廚師和烹飪熱愛者，願意免費與 Food52 社群的一百萬名會員分享他們的專業知識技巧及食譜。[16]

向專業熱情群體尋求人才：通用核融合公司

　　另一個例子是致力於發展商業化核融合發電的加拿大的通用核融合公司（General Fusion），該公司的方法是用 220 磅的重鎚撞擊一個球體，對球體內液態金屬產生壓力波，＜圖表 11-4 ＞顯示內含重鎚的活塞。[17]通用核融合公司負責管理開放式創新的布蘭登・卡西迪（Brendan Cassidy）解釋該公司如何運用科學家及工程師們的熱情與專長：「我們面臨的問題是，重鎚撞擊處的表面鐵砧必須密封到容器熔融金屬內，以在鐵砧外打造真空。……我們說：『這不是我們的專長，關於這些重鎚的建造，我們蠻了解的，至於形成一個密封的最佳方法，或許別人有經驗。』」[18]為了借助他人的經驗，該公司求助於為企業連結至近 40 萬名專家的意諾新（InnoCentive）平台，229 名工程師讀取通用互融合公司的技術概要說明，64 人提出解決方案，該公司最終對麻省理工學院出身的柯比・米查姆（Kirby Meacham）提出的解決方案頒發 2 萬美元獎金。

圖表 11-4　通用核融合公司用以壓縮電漿的活塞

　　從簡單的食譜到高端技術建議，現在有愈來愈多的公司經常仰賴外面的創意與專家來幫助它們建立事業和加快創新。當然，這些專業人士提供的服務大多是本質上有趣、智性上富挑戰激勵作用的活動，這並非巧合。社群型事業（Food52）和開放式創新（意諾新）具有經濟助益，因為它們結合了熱情和短期工作。（零工經濟〔gig economy〕一詞中的「gig」源自 1920 年代爵士樂行話，意指短期參與演出。）把熱情和短期工作結合起來，你可能會看到超級品質和合理酬勞。Food52 頒發 25 美元給它的「本月貢獻者」；意諾新幫助大部分的組織應付複雜技術性挑戰，包括 BP（前英國石油公司）、美國太空總署（NASA）、以及致力於為肌萎縮側索硬化症（漸凍症）尋找一個生物標記的非營利組織 Prize4Life 等等，總計而言，參與這平台上舉辦的挑戰競賽的平均報酬期望值為 125 美元。[19]

專業外包平台：Crowdspring

　　連結企業與外面人才的平台能夠把觸角延伸得多廣？平面設計服務線上市集 Crowdspring 提供了好例子。Crowdspring 的專長之一是標誌設計比賽，在這些比賽中，品牌經理描述他們想要的標誌，超過 20 萬名自由接案的設計師提出他們的設計。平均而言，一場比賽吸引約 35 名設計師提出約 115 個設計[20]，公司再提供反饋意見，讓設計師能改善他們的設計。競賽為期七天，公司支付獲勝的設計師一筆獎金，通常約 300 美元，而版權歸屬這個品牌。

　　我的同事、丹尼爾・葛羅斯教授（Daniel Gross）研究超過 4,000 場的這種設計比賽，以更加了解公司的反饋意見如何改善設計品質（有很大的正面影響），以及看到他人獲得的反饋意見是否會影響繼續參賽（最弱的設計師的確早早退賽）。葛羅斯做出一個聰明的研究設計，還計算參加 Crowdspring 的設計比賽的成本與效益，這些計算結果如＜圖表 11-5 ＞所示。[21]

▎零工經濟是剝削嗎？

　　全體而言，設計師參賽的成本遠大於獎金。若所有設計師對於獲勝機率有清楚概念，總成本和獎金就會平衡，我們就不會在＜圖表 11-5 ＞中看到大於 1 的成本——獎金倍數。但實際上，顯然有太多的設計師為太少的錢工作。

　　零工經濟以低價格提供高品質的前景是個幻象嗎？真相是不是零工工作以犧牲（最迫切的）自由接案者換得利益？身為想做正確之事的企業人士，你是否應該婉拒那些願意以微薄酬勞提供高品質工作的人？這

圖表 11-5　Crowdspring 平台上的標誌設計比賽

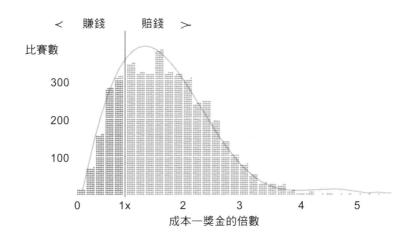

些疑問是有關於零工經濟平台、以及必須管制這些事業的爭論核心。

　　我們使用價值創造原理做為我們的道德羅盤，探討這些議題。企業實務上只要能造福員工和獨立承包者，就有其合理性，自由接案者為微薄酬勞而工作，這本身並不是他們被剝削的一個象徵，他們接案的 WTS 可能真的很低。不過，這是一個應該進一步調查的警訊，我希望你思考下列疑問：

- **低 WTS，可信嗎？** 就那些本質上不吸引人的工作而言，大概不可能有低 WTS，別忘了，是熱情壓低了 WTS。此外，那些以接案做為主要收入來源的人，不太可能有低 WTS。例如，一個以清潔住家為全職的人，他的工作安排不應該以低 WTS 為前提。
- **這項工作會創造除了財務酬勞以外的價值嗎？** Crowdspring 平台上的一些設計師之所以為了小獎金而參賽，原因之一是他們期望獲得金錢以外的好處。有些設計師希望能從公司提供的反饋意見中學習，有些設計師想用參賽來建立聲譽。有時候，公司會請求比賽優勢者做後續工作（並提供更好的酬勞），例如，通用核融合公司後來委託柯比・米查姆進一步發展他提出的解決方案；標誌設計師有時繼續為公司設計網站。

- **對更長期利益的期望合理嗎？**零工工作者不易改進更長期利益的價值，一個酬勞微薄的自由接案者將獲得更多工作的可能性有多高？未收取酬勞地參與一項工作，將因此獲得一份永久性職務的可能性有多高？通常，企業比自由接案者更易於評估較長期的前景，企業不應利用這種資訊優勢來剝削自由接案者。舉例而言，三分之二的 Uber 司機在載客的前六個月就離開這個平台[22]，對此現象的一個解讀是，司機只有在處於困境時才為 Uber 載客；另一個解讀是，Uber 在為司機建立期望方面做得很差。

- **面對 WTS 時，以低酬勞做為回應，最符合你的企業利益嗎？**美國的新聞及評論網站哈芬登郵報（HuffPost）是率先倚賴公民記者和有抱負的作家的媒體之一，到了 2018 年時，已有超過 100,000 位投稿人不收取酬勞地向該報提供內容。但是，那年年初，這一切畫上句點，哈芬登郵報關閉投稿人平台，把它的焦點轉向更小的一群支付酬勞的記者，說他們將產生：「聰敏、確實、及時、且嚴謹的社論專欄版」。[23] 其他有大型投稿人社群的出版業者──例如富比士（*Forbes*）及赫斯特（*Hearst*）──也跟進。[24] 原來，不支付酬勞之下取得內容，產生品質高度參差不齊的報導。「媒體公司已經流向更高品質的內容」，聚焦於在行銷中用使用者及消費者內容的新創公司歐拉皮克（Olapic）的共同創辦人鮑・薩布利亞（Pau Sabria）解釋：「當你和其他形式的媒體競爭時，你承擔不起向讀者提供糟糕的體驗。」[25] 當然，從本章一開始，你就已經熟悉這種效應了，薪酬政策會引發強大的選擇效應。縱使面對真的低 WTS，和員工及自由接案者分享更多價值，對工作品質將有大影響。

本章結論

檢視彈性工作安排和零工經濟事業模式後,我獲得一些洞察:

- **連結公司與熱情工作者的數位平台能幫助改變公司的界限。** 以往在公司內部從事的活動現在可以移至公司外,或是以新穎方式結合使用零工工作者和獨立接案者,而且往往可以用有利的成本獲得一流品質。在美國,約 10% 的勞動力現在從事非傳統的靈活工作安排。[26] 若你不思考改變公司界限以取得成本優勢的方法,你的競爭者也會這麼做。

- **縱使在 2020 年,工作場所的彈性仍然短缺,這是一個降低 WTS 的有效工具。**

- **推出彈性工時原則只不過是第一步**,為了鼓勵員工利用這個彈性,往往會需要更廣泛的企業文化改變。身為組織的領導人,你的行為將會影響到許多其他人,不論你是否打算以身作則。

- **把人們的熱情和你的事業目的連結起來,這是一條創造價值的好途徑。** 當專案及活動本質上有趣、而且只需要投入短時期時,這種方法的效果最佳。

- **與熱情的工作者時合作,必須細心考慮他們的期望。** 零工工作能為工作者創造可觀價值,但也可能剝削他們,最好的公司建立確保零工工作者懷抱合理期望、而且能分享所創造的價值的公司準則及實務。

第12章

供應商也是人

想想看，你能為供應商做什麼

2016 年 6 月，普利文集團（Prevent Group）旗下的車飾公司（Car Trim）的執行長瓦希丁・菲利茲（Vahidin Feriz）收到一份不祥的傳真訊息，消息很可怕，車飾公司的主要客戶之一福斯汽車公司（Volkswagen）通知菲利茲，福斯將取消和車飾公司的一項 5 億歐元共同發展計畫，聲稱是因為車飾公司生產的皮椅品質有缺陷。當時因為柴油車廢氣排放舞弊事件而承受巨大財務壓力的福斯汽車公司只提前兩天通知車飾公司 ①，車飾公司提起訴訟。當福斯拒絕賠償損失時，車飾公司和普利文集團旗下的另一家公司艾斯格斯（ES Guss）停止供應所有部件，迫使福斯的六座工廠中斷生產，近 3 萬名員工閒置。

報復在兩年後到來，普利文集團試圖提高價格時，福斯取消和該集團的所有剩餘合約。這下，換成普利文集團旗下的公司必須減產裁員，其中一家公司甚至宣告破產。2020 年時，雙方還在纏訟之中。

普利文和福斯的交戰是個極端例子，但買家和供應商之間關係緊張是很普遍的事。舉例而言，亞馬遜運用它在電子商務領域的強大地位，對市集的商家施加嚴苛的支付條款，亞馬遜後 22 天從顧客那裡收到款項，但 80 天後才付款給商家。這些市集商家形同為亞馬遜提供週轉金的銀行，幫助資助該公司的成長。[②] 實體零售業也有類似的例子，當零售商推出自有品牌產品時，它們的獲利大增，另外一個重要好處是，自有品牌產品幫助零售商壓榨品牌產品的製造商。[③]

＜圖表 12-1 ＞說明這種緊張關係，公司希望藉由降低供應商的價格來提高自身的利潤，供應商自然反對，它們希望擴大本身的剩餘：他們的 WTS 和成本之間的差距。這些努力不會創造價值：一方獲勝，掏腰包的必然是另一方。

當然，還有第二條路可以提高獲利力。若你能設法降低你的供應商的 WTS，就能創造更多價值，你的公司和你的供應商都會受益。你的供應商的 WTS 是它們願意從你那裡接受的最低價格，若你向你的供應商支付的價格高於 WTS（亦即成本大於 WTS，如＜圖表 12-1 ＞所示），供應商將賺得剩餘──大於它們的 WTS 中內建的利潤。

每一個買方──供應商配對的 WTS 不同，它由兩方之間的關係決

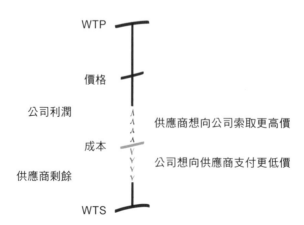

圖表 12-1　公司和供應商爭奪固定價值

定。舉例而言，若一家供應商供應產品給一家著名的公司，可以為這家供應商贏得誇耀權，他的 WTS 將會較低。若一買方是個難纏、令人頭痛的麻煩精，他的供應商對他的 WTS 將較高。

仔細挑選供應商、把管理專長傳授給供應商：Raksul

撇開這種針對買方的特殊考量不談，你該如何降低你的供應商的 WTS 呢？設法使供應商在對你的組織銷售時更具成本效益。任何能夠使你的供應商更輕鬆的做法，**任何你做出的、使供應商生產力更高的投資，都將降低它們的 WTS，創造更多價值。**[4]

來看日本的印刷服務 B2B 市集 Raksul 的例子，它的原始平台讓顧客對日本的 25,000 家印刷公司比價，成功來得很快，但它的創辦人松本恭攝（Yasukane Matsumoto）並不快樂，他每天早上對著鏡子裡的自己問道：「若今天是我的生命的最後一天，我會想做我原本今天要做的事嗎？」[5] 他思考 Raksul 的列名比價服務後，覺得答案是：不。他認為他可以創造更多價值。

在他的指導下，Raksul 建立一個高效率的媒合服務，把客戶訂單送往仔細挑選、執行訂單的印刷機器閒置產能的供應商那裡。松本恭攝認知到，有閒置產能及適當設備的印刷業者的 WTS 特別低。Raksul 也僱用前豐田汽車公司的工程師來設法改進印刷業者的印刷廠作業，進一步降低他們的 WTS。Raksul 創造出的價值，讓 Raksul 本身、印刷業者、以及 Raksul 的顧客雨露均霑，因為顧客也享受到比較低的印刷價格。

Raksul 是運用兩個機制來確保供應商受益於低 WTS 的一個好例子，這兩個機制是：仔細挑選供應商，把管理專長傳授給供應商。我們將在本章看到優異的公司如何使用這兩種方法。

教導供應商：耐吉

　　多數公司用詳盡的合約和服務水準協議來詳列供應商的義務，許多公司也制定行為準則，敘述它們對供應商行為的期望。2000 年年初，耐吉公司尋求與供應商更進一步合作，決定教導它們精實製造。[6] 又名「豐田生產制度」（Toyota Production System）的精實生產（lean production）並不是一種新方法，但耐吉的供應商沒有採行。[7] 耐吉的全球採購與製造副總蓋瑞・羅傑斯（Gerry Rogers）解釋：「想在世界各地找到適當能力，其實相當有限，尤其是在這個高度產品專業化的產業。只做交易，發生問題時就一走了之，這對大家都沒好處。供應商公司成長後，會遭遇新障礙，我們可以幫助它們，教它們建立能力的最佳實務或如何通力合作。」[8]

　　精實生產需要耐吉的近四百家的鞋子及衣服供應商做出徹底變革，例如，傳統的成衣工廠把縫紉、熨燙、及包裝活動區分開來，這些工廠在每個流程間有高存貨量做為緩衝，採行精實生產的工廠把機器和工作者移到一條生產線，平衡流程循環時間（維持一件衣服需要花費的時間）和節拍時間（takt time，開始生產一件衣服和開始生產下一件衣服之間的間隔時間，根據顧客需求來訂定此間隔時間）。為了獲得精實認證，耐吉要求供應商做出八項這類變革，包括安裝一套安燈（Andon）系統，讓工作者能夠快速發出警報，通知生產線出現問題，或是停止生產線；使用站內品檢，防止瑕疵品從一站流入下一站；展現 5S（整理、整頓、清掃、清潔、素養）管理的證據——旨在減少浪費和提高生產力的一套實務。[9]

　　為了讓供應商做好精實生產轉型的準備，耐吉在斯里蘭卡的一座生產中的工廠設立一個訓練中心，亞洲的供應商派員到這裡參加為期八週的訓練課程，學習精實理論，觀察精實方法的實行，和一位耐吉經理研商在他們自己的工廠裡推行精實制度的策略。看到生產力和獲利力呈現的初步成功後，耐吉加倍努力，推行精實 2.0，倡導提升自動化和員工投入度。縱使是一個小規模的先導計畫，也展示更高度的機械化的顯著潛力，在一座工廠，生產力提高 19%，品質提升 7%，工作者說他們覺得更受到重視。[⑩] 到了 2018 年，耐吉的產量中有 83% 來自於在精實 2.0 之下作業的工廠。

　　約莫同一時間，耐吉開始和加州大學柏克萊分校的研究員尼可拉斯・羅洛（Niklas Lollo）及達拉・歐羅克（Dara O'Rourke）合作，謀求改善那些實行精實生產方法的供應商工廠的工作者薪酬。[⑪] 為訂定每件衣服的價格，耐吉和其供應商協商「標準容許工時」（standard allowable minutes，簡稱 SAM）──以工程為基準的生產時間衡量，然後，工廠用 SAM 來決定它們的員工工資率。員工希望能夠超出 SAM，好賺更多錢，由於每件衣服的 SAM 固定，因此，員工偏好他們熟悉的、易於生產的衣服樣式，對於不熟悉的設計，他們難以超越 SAM，便改而聚焦於加班。這種方法抵觸精實生產的許多目標，因為以 SAM 為基準的薪資制不能提供改善品質、節省存貨、消除浪費、以及建立及時生產能力的誘因。

　　柏克萊研究團隊在一座已經取得精實 2.0 認證的泰國工廠測試三種薪酬機制：獎勵更高產出的生產力乘數；生產力乘數加上一個降低成本或一流品質的獎金；生產力乘數加一個目標工資。[*] 參與這實驗的工作者獲得保證，他們的收入起碼不少於實驗之前。研究團隊也安裝 LED 板，

---

[*] 當一條生產線達到其生產目標的 90%，每件產品價格乘以 1.06；生產力每提高 5 個百分點，乘數增加 0.06，上限為 1.48。在訂定一個目標工資的生產線，當工作者已經在十小時內賺得平均每人最低的目標工資 650 泰銖時，他們可以決定提前下班。以往一團隊平均每日賺得的工資介於 440 泰銖至 530 泰銖。

圖表 12-2　在耐吉供應商工廠進行的薪酬制實驗

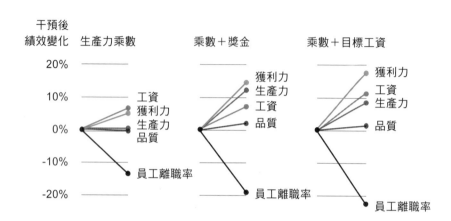

顯示每條生產線的工資和生產力資訊。（全球成衣生產工作者中，只有不到 50% 的人收到列出工作時數的薪資條。[12]）＜圖表 12-2 ＞顯示相較於未參與此薪酬制研究實驗的生產線，那些參與此實驗的生產線的績效如何變化。[13]

　　這項研究為供應商和耐吉提供了豐富的洞察。例如，目標工資制對於提高工資和獲利力特別有效，儘管，沒有一支團隊在賺得最低目標工資 650 泰銖後就決定提前下班。在焦點團體座談會上，員工說，在生產運作得更平順時，賺更多錢更為重要。在所有三種薪酬干預下，員工都賺更多錢，供應商的獲利都提高。這是因為每一條生產線都生產力提高超過 6%，這成就也反映了員工離職率的大幅降低。未實行薪酬干預前，品質原本就有高水準了，乘數加獎金和乘數加目標工資這兩種干預機制進一步提升品質。在只獲得生產力乘數獎勵的生產線中，有一條生產線例外，這條生產線變得愈來愈不健全，員工批評彼此欠缺技能，批評他們的督導員溝通不佳，批評管理階層未提供足夠的好品質材料，這條生產線的員工有 70% 離職，而另一條採用相同獎勵的生產線並無這些問題。這條生產線的失敗提醒我們，高強度的獎勵可能反而導致員工壓力。不過，工廠管理階層仍然認為這些干預的成效顯著，實驗結束後，他們在全工廠實行生產力乘數制。

教導你的供應商變得更具生產力，這是降低它們的 WTS 和創造更多價值的一個有效方法，耐吉的供應商工廠是典型的例子。通常，地方性供應商開始和多國籍企業做生意後，將會顯著進步，它們提高生產力，僱用更多工作者，獲得更好的銷售業績，縱使在它們和全球性公司的生意往來關係之外，也呈現這些進步。[14] 多國籍企業也因此受益，例如，耐吉逐漸降低 SAM，以利用其供應商的生產力提升。[15] 聚焦在 WTS，可為兩方——地方公司和多國籍企業——創造價值。

▎獲取價值的陰影

縱使在聚焦於創造價值的買方和供應商關係中，仍然會存在獲取價值的陰影。供應商擔心，若買方看到它們投資建立了新產能，開口要求降低價格，可能導致它們的新產能投資無法回本。買方擔心，若他們變得太依賴一家供應商，供應商將利用這層密切關係，做出剝削行為。[16] 兩方為了保護自身，做出造成損害的行動。買方訴諸向多個供應商採購，但實際上是只向一個供應商採購會更有利。[17] 供應商拒絕和它們不信任的買方做生意，例如，現在知名的智慧型手機製造商小米公司剛創立時，接觸上百家元件供應商，其中 85 家拒絕和羽翼未豐的小米做生意。[18] 當各方都擔心能否獲得幫助創造的價值的一部分時，價值創造就會變得困難。

那麼，成功的公司會如何做呢？我和那些成功降低供應商的 WTS、並且為本身及供應商創造長期價值的供應鏈主管談話時，經常聽到類似以下的建議：

- **有選擇性**。發展與維繫親密的供應商關係既不容易、也花時間，
  應該限制你投資的供應商關係數量。

我建議使用三個標準來挑選合適的夥伴，參見＜圖表 12-3 ＞。第一
個標準是價值潛力：若密切合作具有團結 WTS、成本、及 WTP 的潛
力，這種合作就特別有價值。一家供應商的元件不貴，但品質不能令顧
客滿意，就不該在合作對象候選名單上名列前茅。第二個標準是特定
性：是否要求供應商投資專門產能？你是否希望它們發展一種主要使公
司受益的新穎流程？交易的特定性愈高，密切合作和建立信任愈有幫
助。第三個標準是完整性：在合約中載明對供應商的期望，難度如何？

圖表 12-3　挑選夥伴——供應商的標準

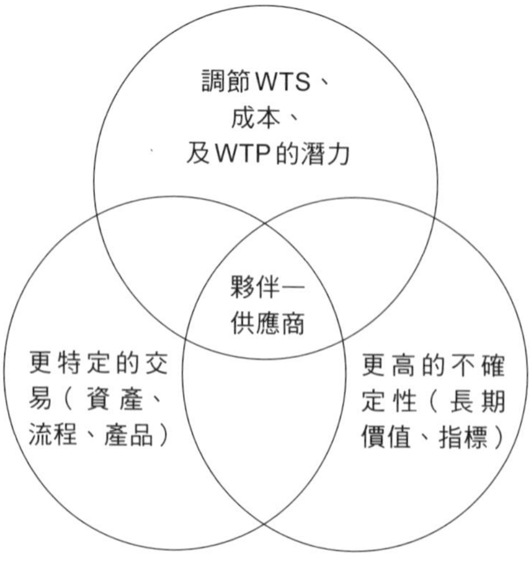

有無可能在合約中列出所有偶然性／不確定性？若合約不完備——也就是難以在合約中詳載及衡量對供應商的期望，就愈需要有深度關係的供應商。

- **了解你的供應商**。公司往往只透過成本這面透鏡去看待和供應商的關係，但這面透鏡太狹隘。一位很成功的經理人曾提醒我：「供應鏈也是人！」

  供應商的 WTS 涉及許多考量。為顧客創造價值時，必須一定程度地貼近顧客以了解他們；同理，貼近供應商能幫助你看出什麼行動能提高供應商的剩餘。還記得日本的印刷服務 B2B 市集 Raksul 的創辦人松本恭攝嗎？他親自造訪他的每一個供應商後，才決定建立夥伴關係。

- **聚焦在結果，別聚焦於帳單項目代碼**。改變你的行為，往往能得出大量降低 WTS 的機會。許多買方對供應商的要求太過於硬性規定，非常詳細載明供應商「必須做什麼」和「如何做」。當然，有時候基於技術性理由，必須有精確的規定，但是，太精細的規定往往反映對供應商的不信任（若我留給供應商一些迴旋餘地，他會不會佔我的便宜？），以及想創造供應商之間高相似性的激烈競爭。

  過度硬性規定是有代價的，它剝奪供應商採用新穎流程和推出創新產品與服務的機會，這是造成許多買方與供應商關係緊張的一個重要原因。

  照理說，我們和供應商往來，是因為它們具有專業知識以及優秀技能，那麼，為何我們還要堅持對它們施加詳細規定來限制它們呢？

塔塔汽車 vs. 博世汽車

塔塔汽車（Tata Motors）決定打造世上最便宜的汽車「Tata Nano」時，請博世汽車公司（Bosch Automotive）設計引擎。博世汽車當時的董事會主席伯恩・波爾（Bernd Bohr）解釋兩家公司不尋常的合作性質：「塔塔並未帶著一大堆規定或規格來找我們，他們只是告訴我們，這款車的重量將是多少，它將有一個雙缸引擎，它需要符合歐盟四期（Euro 4）廢氣排放標準。此外，它當然必須能開動。這跟其他的汽車計畫不同。計畫過程的早期，你已經可以看到我們的團隊提出新構想，……，例如，通常，每個汽缸有一個一部引擎上的噴射閥；但在這個計畫裡，我們的工程師提出兩個汽缸使用一個噴射閥、並且有兩個噴孔以照顧兩個汽缸的構想。」[19]

雖然，Nano 最終並未達到塔塔汽車公司期望的財務性成功，博世的技術性突破被許多其他引擎採用。[20] 博世成功的關鍵在於買方聚焦於結果（在本例中，這個結果是一個成本目標），而非聚焦於如何達成此目標。

戴爾 vs. DHL

聯邦快遞供應鏈（FedEx Supply Chain）和戴爾公司合作時，也有相似的經驗。當戴爾公司尋求改變其供應鏈時，它以最重要的大結果取代一長串的特定服務——數百個帳單項目代碼。舉例而言，在它的逆向物流作業中，戴爾從原先的支付一筆固定費用給聯邦快遞去回收處置產品，改變為請求聯邦快遞幫戴爾把回收電腦的總成本最小化。在密切合作下，兩家公司建立三個管道：其一，翻新機器；其二，回收利用零組件；其三，丟棄產品。[21] 戴爾的總經理約翰・柯爾曼（John Coleman）解釋這項改變：「戴爾向來以零售方式賣掉全部回收產品，若產品未達零售標準，那就報廢。多年來，我請戴爾提出一個使用批發的制度做為另一個選擇，這是個好構想，但戴爾內部產生不了投資於這項方案的興趣。聯邦快遞供應鏈除了提出點子外，沒理由做出投資。但是，〔在同意幫助戴爾把成本最小化這個大目標後〕，聯邦快遞供應鏈為翻新商品建立一個批發替代零售的選擇，……他們做出投資，把這項構想化為實現。」[22]

　有了三個管道和批發這個選擇，戴爾和聯邦快遞把報廢品減少三分之二，僅僅兩年就使戴爾的逆向物流作業成本降低了 42%。[23]

- **校準外部和內部誘因**。訂定大目標後，你可以定義校準於這些目標的指標，把它們和財務誘因關連起來。例如，若戴爾的逆向物流作業成本降低，聯邦快遞供應鏈也會在財務上受益。

  除了外部校準，同等重要的是，也要確保買方的整個組織對於買方和供應商關係抱持相同的觀點。採購部門知道供應鏈經理正在和某個供應商發展一個合作關係嗎？若採購部門的誘因只有達成盡可能最低的成本，這位供應鏈經理正在發展的供應商合作關係將注定失敗。

- **保持開放心態**。深度關係的黑暗面是這些關係的深度，一旦你和一個供應商建立了信賴，你尋找別的供應商的動機就有限。維持‧卡拉諾（Victor Calanog）還是賓州大學華頓商學院博士班學生時，和我一起做一項研究，我們打電話給費城的 596 位水電工，提供一種創新的、用彈性材料製作的地漏型錄和一份免費樣品，那些信賴他們的現有供應商的水電工比較不可能接受這項型錄或免費樣品。在我們打那些初始電話的一年後，那些信賴現有供應商的水電工購買這種新穎地漏的數量較少。[24] 縱使你已經和一些供應商建立長期、信賴的關係，重新評估這些關係可能會讓你找到達成更低的 WTS 及成本的新機會。

本章結論

在供應鏈上合作，這當然不是什麼新概念，但伴隨價值導向思考而來的觀點改變是很有幫助的。以下是一些重要洞察：

- **幫助供應商降低它們的成本，讓它們更容易對你的組織銷售，最終將會幫到你自己。**別只問你的供應商能為你做什麼，也思考你能為它們做什麼。

- **聚焦於獲得價值的思維支配許多買方和供應商之間的關係。**改變為創造價值導向，將更易於分享資訊，校準誘因，發現誘人的商機。

- **使創造價值成為買方、供應商關係的核心，這並不容易，你必須審慎挑選和哪些供應商建立這種關係。**在挑選最佳夥伴時，你必須考慮它們的創造價值潛力（你能調節多少WTS）、投資的特定性（你的需求有多不尋常）、以及契約的不完整性（是否容易在契約中載明你的所有期望）。

第四部

生產力

第 13 章

規模經濟

大就是美

每當檢視生產力資料時，我總是難以置信相同產業裡的各家公司的生產力竟然差異這麼大。*平均而言，在相同的投入要素下，生產力位居第 90 百分位的一家美國公司的產出是位居第 10 百分位的公司的產出的兩倍。[1] 在中國及印度，這種離散程度更大，我們常見到第 90 百分位和第 10 百分位的產出比為 5:1 的情形。[2] 而且，這種差異性並非短暫存在，生產力差距往往持續很長期間。[3]

生產力提高將會同時降低成本及 WTS（參見＜圖表 13-1 ＞），記得前文提到，價值桿代表的是一個單位的一項特定產品或服務，若一家公司變得更有效率，它需要的投入要素較少，因而降低 WTS 及成本。

本章和接下來幾章將探討影響生產力的三股力量：規模經濟（本

---

* 在研究中，「相同產業」指的是標準產業分類（Standard Industrial Classification，簡稱 SIC）四位數代碼相同的公司。標準產業分類是美國政府制定的一種行業分類制。例如，生產木製辦公傢俱的公司的 SIC 代碼為 2521，市場非木製辦公傢俱的公司的 SIC 代碼為 2522。

圖表 13-1　生產力提高使成本及 WTS 降低

章）、學習效應（第 14 章）、以及營運效能（第 15 章）。

▍規模經濟，以五家銀行為例

由美國政府撐腰、在次級市場購買房地產抵押貸款債權的房地美公司（Freddie Mac）在 2007 年 2 月宣布，它將不再購買風險性最高的次級房貸。2007 年至 2009 年的大衰退已經開始，把全球經濟推向自 1930 年代以來最深的危機，光是在美國，就摧毀了近 900 萬個工作。[④] 在這場危機中，銀行扮演核心角色，為穩定經濟，政府最終花了近 6,000 億美元紓困近千家美國金融機構。[⑤] 在危機的深淵中，納稅人為 4.4 兆美元的金融資產做擔保。[⑥] 前聯準會主席艾倫‧葛林斯潘（Alan Greenspan）回顧時說：「若銀行大到不能倒，那就代表它們太大了。1911 年時，我們拆分標準石油公司（Standard Oil），結果呢？拆分後的個別部分變得比原先的整體更有價值。或許，我們也必須對最大的銀行這麼做。」[7]

　　政策制定者沒有拆分金融機構，但他們採取行動，降低銀行的風險，例如，提高資本及流動性要求。[8] 金融危機後推出的監管措施獲得意圖效果，從許多方面來看，銀行體系現在遠比以前安全。[9] 最大的銀行的規模呢？它們的規模變得更大了！富國銀行（Wells Fargo Bank）成長為四倍，摩根大通銀行成長為兩倍，美國銀行（Bank of America）成長三分之二，在所有最大的銀行當中，只有花旗銀行（Citibank）規模稍微減少一點。[10]

　　為何銀行規模愈來愈大？一個重要原因是，它們受益於規模經濟，亦即平均成本隨著事業成長而降低。＜圖表 13-2 ＞顯示美國及歐洲最大的銀行若成長 10%，其成本增加[11]（＜圖表 13-2 ＞中最上方的橫線），就代表規模經濟。若成本增加幅度超過 10%，就代表規

圖表 13-2　銀行業的規模經濟

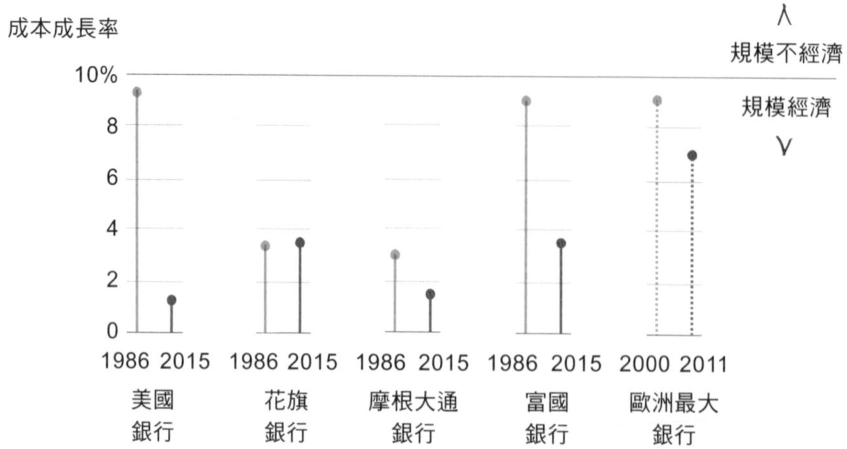

模不經濟（diseconomies of scale），亦即成本成長快於業務成長。

1986 年時，美國銀行受益於適中的規模經濟，當時，其業務成長 10% 時，成本成長 9.3%。到了 2015 年時，銀行的規模經濟遠遠更大，業務成長 10% 時，成本僅成長 1.4%。除了例外的花旗銀行（銀行在 1980 年代時就已經效率很高），所有美國及歐洲最大的銀行在 2015 年時的規模經濟都比 1986 年時更顯著。

＜圖表 13-2 ＞顯示的規模經濟反映的是某種類型的固定成本的存在。在銀行業，技術投資是固定成本的一個重要例子。（金融服務業花在資訊技術上的錢是保健業和科技公司的兩倍，製造業的三倍。⑫）若想了解固定成本如何創造規模經濟，想像一個交易大廳裡有一名交易員每天執行單一一筆交易，這筆交易將非常昂貴，因為全部的交易基礎設備成本都由這筆交易承擔。伴隨交易數量增加，固定成本由愈來愈多筆交易分攤，使得平均成本降低（參見＜圖表 13-3 ＞）。不過，分攤這筆固定成本的遞增效果隨著交易數量增加而減小。

▌最小效率規模：可口可樂與百事可樂

最小效率規模（minimum efficient scale，簡稱 MES）是你想具有成本優勢所需要的業務量，你知道你公司的 MES 嗎？這是每個企業人士都應該知道的數字。* 若你的公司規模小於 MES，你無法在成本上和較

---

* 儘管 MES 具有策略重要性，標準財報中並未包含它。想知道你公司的 MES，你必須知道若公司業務成長 10%，成本將如何變化。仔細注意你視為固定成本的那些成本項目──這些成本項目將不會隨著你的業務的成長而增加，以及你視為變動成本的那些成本項目。最後，比較目前產出水準和較高產出水準的平均成本，若平均成本隨著產出增加而降低，你的公司規模還太小，和較大的競爭對手相比，不具成本優勢；若平均成本大致維持不變，你正處於或超越 MES。

圖表 13-3　交易的規模經濟

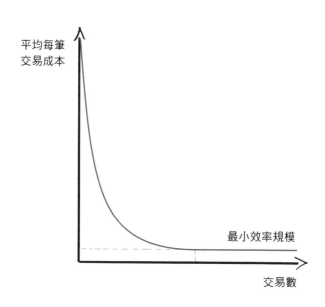

大的對手競爭。另一方面，一旦你的公司達到 MES，繼續成長將不再獲得更大的成本優勢；事實上，對一些公司而言，可能因為營運一個很大的組織涉及的複雜性，導致平均成本增加。

促成顯著規模經濟的固定成本類型，並非只有 IT 支出，行銷成本是另一個好例子。當可口可樂和百事可樂的廣告支出在 1970 年代中期上升時，軟性飲料廣告變成美國電視上的常客，這兩家公司的廣告戰持續了數十年，最終誰贏了？

兩家公司的市場占有率講述一個驚人故事，兩家公司都是贏家。可口可樂和百事可樂合計的軟性飲料市場占有率從 1970 年時的 54.4% 提高到 1995 年時的 73.2%[13]，輸的是較小的競爭者，它們無法以大銷售量來分攤廣告的固定成本。在電視螢幕上的曝光率較小之下，許多軟性飲料製造商被更大的公司收購，或是退出市場。

我們常把固定成本視為討人厭的東西，因為它們需要大投資決策，而且，會在景氣循環起伏中難以調整。但若你的公司規模大於競爭對手，固定成本可以成為一種優勢。例如，可口可樂和百事可樂藉由增加行銷支出，從那些規模小於 MES 的競爭者手中奪走市場占有率。[14]

大到打不倒：沃爾瑪

規模經濟產生的最強大力量是形成完全無人可以匹敵的市場，沃爾瑪就享有這種優勢多年。大多數的沃爾瑪商店位於市郊和人口不那麼稠密的地方，為了服務這些市場，該公司建立中樞軸輻型的大型配送中心，每個配送中心供應半徑 150 英哩內的 100 個衛星商店。[15]

這種結構為沃爾瑪帶來三種好處。其一，商店位於離配送中心一天內車程可以抵達的地方，這讓沃爾瑪可以用大銷售量分攤中央倉庫的固定成本，形成規模經濟。其二，由於沃爾瑪商店彼此之間很接近，送貨的卡車能夠快速補貨，形成密度經濟（economies of density）——一種特殊的規模經濟。商店每靠近一座配送中心一英哩，沃爾瑪的年獲利就提高 3,500 美元[16]，光是在美國，沃爾瑪就有超過 5,000 家商店，密度經濟對公司獲利有顯著貢獻。由於商店能夠獲得快速補貨，它們不需保留存貨空間，幾乎每寸空間都可用來售貨。[17]

沃爾瑪的第三種優勢凸顯**市場規模和固定成本之間的關係**。在一個小市場上，固定成本無法被大銷售量分攤，結果，擁有最大市場占有率的沃爾瑪享有一個獨特的成本優勢。就算次大的公司決定與沃爾瑪競爭，並且能夠媲美沃爾瑪的基礎設施，也取得相當的市場占有率，有著沈重的固定成本負擔的這兩家公司的獲利力將降低。預期到這種結果，潛在的進入者就不願進入了。基於這個原因，沃爾瑪在許多較小的市場上幾乎沒有遭遇競爭。在只有它一家存在的市場上，該公司提高價格，有時提高達 6%。[18]

　　沃爾瑪在無競爭的市場上訴諸成長策略，使該公司壯大成世上營收額最大的公司。不過，就連沃爾瑪的核心優勢（反映規模經濟的低成本優勢）也不是所向披靡，它現在遭遇三股逆風。它在滲透城市市場方面並不成功，它在一般商品類別和雜貨領域都遭遇激烈競爭，前者的競爭對手如目標百貨（Target），後者的競爭對手如聚焦於食品的克羅格（Kroger）。在人口稠密的城市，〔固定成本／市場規模〕比率不足以軟化競爭，沃爾瑪較難取得明顯優勢地位。另一方面，沃爾瑪在國際上的擴張行動並非完全成功，它在墨西哥和英國都表現得不錯，在英國收購了一家領先的當地零售業者，因而得以複製它在本國市場享有的規模經濟。但在它嘗試建立自己的商店網絡的市場上，或是它收購了當地較薄弱的零售連鎖店的市場上（例如日本），它失敗收場（例如南韓、德國），或是進展緩慢（例如阿根廷、巴西）。[19]

　　最後一個挑戰是電子商務的崛起，線上零售商在不需要負擔實體店基礎設施的固定成本下，成功進入沃爾瑪的核心市場。[20]亞馬遜尤其瞄準沃爾瑪的較高利潤的一般商品區隔，反觀利潤較低的雜貨區隔（在美國，占沃爾瑪營收的 56%），就保衛得比較好，那是因為美國消費者偏好親自到店採購雜貨（占雜貨營收額的 97%），或是線上下單後，到實體店取貨，這對沃爾瑪這種擁有數千家實體商店的公司有利。[21]

　　沃爾瑪的故事特別有趣，因為規模經濟既能解釋它在一些市場上的成功，也能解釋它在一些市場上的困頓。在第 8 章探討 WTP 時，我們看到網路效應如何限制能夠在一市場上賺錢的公司數目，在價值桿的WTS 這一端，規模經濟也有相似效應。＜圖表 13-4 ＞顯示美國各大城市的餐廳數量和報紙種類數[22]，伴隨城市成長得更大，餐廳數量成比例增加，在人口最多的大都會區，各種品質水準的餐廳數量難以計數，若

圖表 13-4　市場規模與競爭

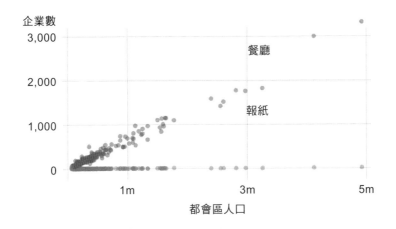

一家餐廳結束營業，通常很快就有另一家餐廳取而代之。報紙的情形就不同了，在＜圖表 13-4 ＞中，城市規模似乎對報紙種類數沒有影響，就連紐約這樣的大城市，也只有幾種報紙。在整個美國，不論城市規模如何，龍頭報紙的市場占有率從未降至 50% 以下。

市場規模愈大、競爭不一定愈激烈：餐廳與報紙

　　為何會有這種差異？因為餐廳和報紙有很不同的成本結構。[23] 經營一家餐廳涉及許多變動成本活動，生意清淡時，廚師採購較少的食材，老闆安排較少員工。在無法使用固定成本來做為進入障礙之下，餐廳業就一直維持著高度競爭。出版報紙的成本大部分是固定成本，在最大的城市，報社的競爭之道是擴增新聞編輯室的規模（例如，《紐約時報》有超過 1,600 名記者），以產生較小的競爭者無法媲美的高品質新聞。

　　在新聞業，品質是固定成本；在餐廳業，品質是變動成本。所以，這兩個產業的競爭面貌大大不同。

本章結論

數位經濟之前的年代，想推測一個新市場的競爭程度時，我首先檢視固定成本。在網際網路時代，網路效應也影響了能夠在市場上競爭的公司數目，而且影響程度不亞於固定成本。不過，在許多產業中，規模經濟仍然重要。關於規模經濟，我建議以下幾個重要考量：

- **每一位策略師必須知道公司的最小效率規模（MES）**，在不知道公司是否具有足夠規模而具有成本競爭力之下，選擇一個策略方向，這是不負責任的。
- **最小效率規模將隨著時間改變**，其中一些改變反映的是技術趨勢和消費者喜好，其他改變反映的是高明的策略性決策。提高固定成本可做為限制競爭者數量的一種有力手段。[24]
- **若你的公司靠品質競爭，切記比較提高 WTP 和借助於固定成本或變動成本的益處。** 縱使這兩種投資模式的短期財務報酬相似，它們將導致你未來將面對的競爭者數量，可能大不相同。

第14章

學習效應
打造正向循環

　　亨利‧福特（Henry Ford）於 1909 年開始生產著名的 Model T 時，每生產一輛的成本是 1,300 美元。[①] 到了 1926 年，福特汽車公司的工資已經提高至三倍，而生產一輛車的成本已經降低到 840 美元。[②] 福特的祕訣是什麼？學習曲線。[③] **隨著公司的累積產量增加，往往因為員工變得熟悉產品與流程，以及他們持續找到更新方法改善生產力，使得成本降低（參見＜圖表 14-1 ＞）**。到了 1926 年，福特已經生產了 1,000 萬輛車，光是學習就已經讓成本降低三分之一以上。

　　現代的汽車工廠也存在相似效應。＜圖表 14-2 ＞顯示這家公司從組裝線轉變為團隊式生產後發生的情形[④]，從其中的曲線可以看出，讓工作者去找到通力合作的方法並不容易，在轉變後，一開始他們花超過 400 小時組裝一輛車。但看看進步的速度有多快，僅僅過了十週，生產時間就減少至不到 100 小時。

　　對那些倚賴學習效應來競爭的公司而言，一個重要的疑問是，**學習能否從一個工作者轉移至另一個工作者，能否從目前的工廠轉移至新工廠？你能保持這些進步嗎？抑或每次擴充產能時，都得再次學習流程？**

圖表 14-1　高累積產量的學習效應讓成本及 WTS 降低

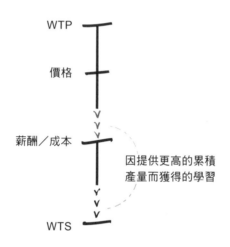

圖表 14-2　組裝汽車的學習效應

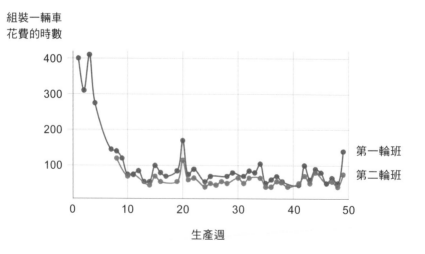

＜圖表 14-2 ＞展示的是學習能夠完美地轉移，當公司在第八週加入第二輪班時，新團隊立即吸收前輩已經達成的所有進步。

▎學習效應提高WTP：印度醫院

學習不僅改善生產力，在許多環境中，學習也提高 WTP。 例如，在保健業，手術團隊若經常執行相同程序，它們施行手術的時間將減少。印度的阿波羅醫院（Apollo Hospitals）和納拉亞納醫療集團（Narayana Health）利用學習曲線，以很低廉的價格提供複雜手術，使較不富裕的家庭更負擔得起接受手術。[5] 納拉亞納醫療集團的一名外科醫生每年執行 200 台開心手術，是克利夫蘭診所（Cleveland Clinic）一名醫生的兩倍。高數量不僅降低成本，也有助於改善品質，阿波羅醫院和納拉亞納醫療集團的手術成功率媲美西方國家的最佳醫院。

從本章所舉的例子可以看出，學習有很多種形式，近年來人工智慧和機器學習的進步特別再度點燃公司以學習做為競爭優勢源頭的興趣。這裡僅舉眾多例子中的一個，異常偵測演算法現在被許多產業中廣泛應用，幫助降低成本。在製造業，人工智慧防止瑕疵零組件進入生產流程；在金融服務業，演算法幫助發現欺詐；在保健業，機器學習辨識異常的生理讀數。

許多形式的學習跟可得的資料量和累積產出有關，但抱持開放心態是好事。曾經有多年期間，英特爾的管理階層非常重視靠著高量產記憶體產品來獲得學習效益，但後來發現，直接仰賴總產量，並不能獲得學習。當時的英特爾記憶體發展事業部主管周尚林（Sunlin Chou）解釋：「蠻力增加產量，並不能使你學習得更快速，你必須藉由檢視晶圓來學習，**學習是基於你檢視及分析的晶圓數量，以及你採取的有效修正行動數**。就算你已經處理了 1,000 片晶圓，技術性學習可能只來自你分析的

10 片晶圓。」[6] 當時的英特爾執行副總、後來的英特爾執行長克雷格·巴瑞特（Craig Barrett）說：「我們很晚才認知到，我們不需要高量產才能獲得學習，有其他途徑可以增進知識。」[7]

本章結論

在思考希望讓你的公司靠著學習效應來競爭的機會時，請切記以下幾點：

- **若你的公司有很長的先起步優勢，學習效應將打消競爭公司進入你的市場的念頭。**但若公司的先起步優勢短，學習效應將使競爭者更積極進取，大家都將搶著提高產量，以盡可能快速學習。[8]

- **若學習效應能夠促使成本以適中速度降低，其效果最佳。**若成本降低得太快（如同＜圖表 14-2 ＞中的汽車組裝廠的例子），或是降低得太慢，產量多於競爭者就不會帶來什麼優勢了。[9]

- **看到產業內其他公司有所學習時，往往會有降價以迎頭趕上的衝動。**但切記，其他公司也跟你一樣，它們是從自己的經驗以及觀察產業內其他公司而獲得學習。愈容易從其他公司學習，原本打算的降價行動就應該愈節制。[10]

- **小心學習的黑暗面。**由於執行相同流程多次而獲得的學習使你受益，這些學習可能鎖住你的組織，抑制創新。福特汽車公司的 Model T 是個好例子，在學習如何以不斷降低的成本生產汽車的過程中，福特建立了許多新流程（參見＜圖表 14-3 ＞）。[11] 歷經時日，產品及流程變得密切關連，在福特的複雜生產制度中，Model T 的任何改動將需要流程做出許

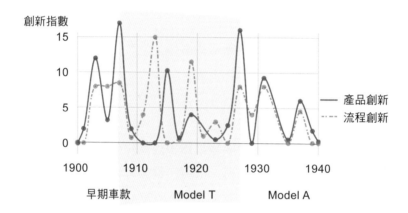

圖表 14-3　學習可能抑制創新

多改動，這相當昂貴，因此，福特被迫只能對 Model T 做出小調整，直到推出 Model A 時，才做出重要的產品創新。

第15章

營運效能

改善管理品質，創造差異化

　　哈佛教授麥克‧波特（Michael Porter）倡導營運效能和策略的區別，他解釋，策略行動將帶來持久的競爭優勢，營運效能雖重要，但不足以促使企業成功。[①] 畢竟，大家都致力於提高營運效率，採行現代管理實務不會帶來持久優勢，因為這些方法若真的有效，每家公司都會使用。聰明的策略行動將創造公司之間的**差異性**，投資於營運效能，只會強化**相似性**，參見＜圖表 15-1 ＞。

▌踮腳尖困境

　　據說，股神巴菲特講述過一個有關於遊行的故事，這故事貼切例示波特教授的這個概念：「觀看遊行的一個觀眾為了更好的視野，踮起腳尖。起初，效果不錯，但當大家也跟進後，就沒效果了。而且，你必須一直費力地踮著腳尖，才能看到遊行隊伍。這下子過不久沒了任何優勢，大家的情況反而比一開始還要更差。」[②]

　　巴菲特的這個故事是基於兩個假設：第一，踮腳尖的行為將快速蔓

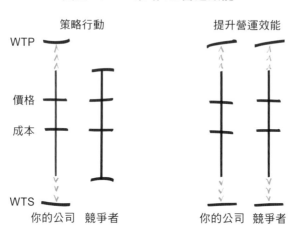

圖表 15-1　策略 vs. 營運效能

延，任何初始優勢非常短暫；第二，所有人的踮腳尖效果相同，所有觀眾踮腳尖後都高了幾英吋，但高度差異仍然大致不變。投資於提升營運效能，真的如同踮起你的腳尖嗎？我們來一探究竟。我們首先探討管理實務的普及速度。

▎普及速度

　　「你無法藉由採用現代管理方法來取得一個持久的生產力優勢」這個觀點太過於簡單化。[3] 十多年前，經濟學教授尼可拉斯・布倫（Nicholas Bloom）及約翰・范瑞能（John Van Reenen）組成一支研究團隊，有系統地調查管理實務的普及情形，在三十多個國家的許多公司訪談超過 12,000 人後，得出結果。[4] 我的同事拉翡拉・薩頓（Raffaella Sadun）是這個研究團隊的成員，她解釋重要發現：「檢視我們取得的資料，可以明顯看出，不能以為公司普遍且得宜地採行核心管理實務。就

圖表 15-2　管理實務的普及情形

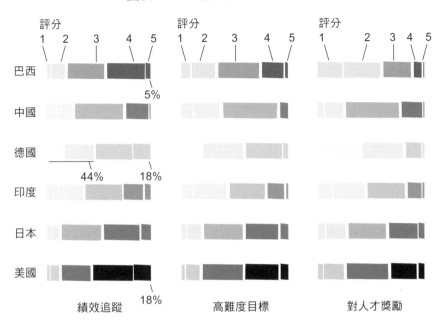

連訂定目標和追蹤績效這類基本實務，經理人實行的程度都差別甚大，而這些差異性造成顯著影響：管理得較好的公司享有長期優勢，它們的生產力更高，獲利力更高，成長速度更快。」⁵

　　<圖表 15-2 >展示管理品質的一些差異性⁶，左邊欄顯示公司是否定期追蹤它們的績效，評分 1 分代表公司沒有訂定 KPIs，評分 5 分代表公司經常評量 KPIs，並且在全組織充分適當地溝通這些評量結果。⁷ 約 18%的美國公司獲評 5 分，在巴西，只有 5% 的公司獲得高評分。但比起這些國際差異性，更值得注意的是國內的大差異性⁸，在德國，只有 2% 的公司未訂定 KPIs，但 44% 的公司獲得 3 分或更低的評分，意指它們仍然未做到最佳實務的績效追蹤。不過，仍有 18% 的德國公司獲得最高評分。

數十種管理實務都見到這種卓越與平庸並存的型態，<圖表 15-2 >的中間欄是「訂定目標」這項管理實務的普及情形，右邊欄是公司使用評量與獎勵來激勵員工的程度。＊不論哪種管理實務，結果都一樣，在相似的競爭環境下，一些公司表現出色，其他公司明顯平庸。甚至，同一公司的各個工廠採行現代管理實務的情形也存在著明顯差異。很顯然，優良管理實務並不會自動地或快速地普及。

另一個重要疑問是，這些管理實務是否處處適用？財務性獎勵的效果是否取決於工作類型呢？會不會某些文化 —— 例如盎格魯撒克遜人——較廣為接受財務性獎勵呢？無疑地，各家公司採用現代管理實務後，對績效產生的成效不同 [9]，儘管如此，更好的管理帶來的影響甚大，大到難以被外部環境或公司文化的影響性蓋過。研究發現，把一家公司從管理最差的 10% 公司之列提升至管理最佳的前 10% 公司之列，其生產力將提高 75%。[10] 不論什麼國家及文化，更好的管理帶來的這些益處都非常相似，光是從生產力的提升幅度就能看出，更好的管理將使絕大多數公司受益。

▍阻礙企業管理品質的三個障礙

你可能會納悶，既然核心管理實務能帶來這麼顯著的益處，為何還有那麼多公司沒有採用它們呢？以下三種障礙似乎特別重要：

＊「高難度目標」評分評量的是公司是否訂定幾乎難以達成的目標，「對人才獎勵」評分評量的是公司是否定期評量員工的表現，並以財務和非財務性獎勵支持高成就。整個問卷調查及評量指標可在以下網址取得：https://worldmanagementsurvey.org/survey-data/methodology/。

- **了解你的公司**——許多經理人難以評估他們公司的管理品質，薩頓教授解釋：「和每家公司談話的最後面，我們總是請經理人用 1 至 10 分為他們公司的管理品質打分數，平均分數是 7 分，相當高，但是，這些評分與他們公司實際採行現代工作實務的情形並不一致。許多主管似乎不了解他們的管理品質。」[11]
- **管理階層參與度**——一些主管傾向躬親管理風格，他們經常前往工廠，親自和員工及供應商研商營運事務，其他主管則是聚焦於高階主管層級的合作。這兩種風格並無任何一者絕對較優，但是，躬親管理風格的經理人可能把流程導向管理方法當成替代他們本身親自參與其他管理實務，結果，這類主管往往未能採行一些最有效的管理工具，例如自動化績效追蹤和財務性獎勵。[12]
- **了解管理實務的益處**——不了解更好的管理可能帶來的績效貢獻，這是公司未能在這方面做出投資的第三種障礙。資料顯示，在多數公司，改善執行帶來的價值遠大於許多經理人的認知，因此，管理差的公司和管理較佳的公司之間的差距可能愈來愈大。舉例而言，那些不相信獎勵效果的主管就不太可能推出獎勵措施，使他們的公司少了一種鼓勵採用有效管理方法的重要工具。

▎策略的跳板：英特爾

踮起腳尖觀看遊行之所以弄巧成拙，不僅是因為大家將快速仿效，也因為每個觀眾踮腳尖的效果差不多。那麼，投資在提升營運效能的公司也會有相同於此的命運嗎？它們最終會看起來相似嗎？

英特爾提供一個有趣的例子。在矽谷的早年，英特爾是領先的記憶體晶片製造商，但到了 1980 年代中期，已落後於其日本競爭者。[13] 日本的企業主管在 1970 年代首創全面品質管理和持續改善之類的實務，以較低成本和較高品質贏過英特爾，從任何想得到的製造績效指標——設備利用率、良率、可靠性、總成本、生產力——來看，英特爾的績效都遠遜色於日本競爭者。英特爾當時的製造部主管、該公司後來的執行長克雷格·巴瑞特回憶：「我們的一切難以預測，我們在成本上沒有競爭力，我們在製造上沒有競爭力，我們認知到我們必須有所不同。」⑭

英特爾意圖在 1985 年時把成本降低 50%，翌年再降低 50%，為了達成這些宏大目標，英特爾關閉效率最差的工廠，裁員近 5,000 人，並要求其餘工廠的經理人大幅升級他們的製造實務，往往是仿效日本的模式。跟其亞洲競爭者一樣，英特爾把工廠及供應鏈裡的所有污染源移除，把維持生產設備的責任轉移給設備供應商，把晶圓廠自動化。英特爾花了近十年和數十億美元投資於改造營運，但到了 1990 年代初期，生產力已經提高為 1980 年代的四倍，設備利用率從 20% 提高至 60%，良率從 50% 提高到超過 80%，**英特爾蛻變成一個高效率、低成本的生產者。**⑮

英特爾的很多行動就像踮腳尖，關閉缺乏效率的工廠，仿效先進的製造方法，這些當然有助於提升一公司的財務績效，但如同波特教授和巴菲特所強調的，這些行動不會創造可構成長期競爭優勢的差異化。⑯ 但是，對英特爾而言，複製日本的實務只是第一幕，該公司開始仿效當時的現代管理實務，並在這個過程中發現降低成本、提升速度、以及提高品質的新方法。

英特爾的問題之一是，它的研發人員直接在製造線上和生產人員合作，建立新流程，這種方法可以快速地從研發轉移到製造，對於英特爾這種靠著搶先推出更高性能記憶體晶片來競爭的公司而言，這是一種重要優勢。⑰ 但是，共同發展流程也有嚴重的缺點，這種方法導致低利用率——研發團隊和生產團隊經常互爭設備的使用，以及不成熟和難以預測的生產。

英特爾追求與日本競爭者匹敵時,該公司開始把研發和生產區分開來,例如,1 微米 386 微處理器在奧勒岡州波特蘭市(Portland)研發,在新墨西哥州阿布奎基市(Albuquerque)生產。[18] 歷經時日,在把技術從研發邁入生產、從一座晶圓廠移向另一座晶圓廠方面,英特爾成為世界一流的公司[19],它能夠在不犧牲品質之下快速量產。該公司如何利用這能力呢?

英特爾做出兩項改變賽局的策略性決策。它把它尚留有小而不賺錢的市場占有率的記憶體晶片市場讓給日本競爭者,這是該公司早年重要的產品,但到了 1980 年代中期,速度在記憶體產品領域已沒什麼價值。英特爾改而專注於微處理器,在這個市場上,該公司的優異設計能力加上卓越的製造能力,前景看好。[20] 令其顧客難以置信的是,英特爾也決定獨家供應它的微處理器,就從 1985 年的 386 微處理器開始。[21] 這在半導體產業是前所未聞之事,在這個產業,公司總是把它們的設計授權給競爭公司,為的是向顧客確保它們能應付需求。英特爾決定獨家供應產品,主要是仰仗它已經改善的製造實務,巴瑞特回憶:「英特爾已經達到能夠產生足夠的顧客信心而可以獨家供貨的地步,……我們在 1980 年代初期的品質追求開始產生效果,製造線的一貫性提升,整體的產品品質更好。」

靠著提升營運效能,英特爾最終獲得寶貴的策略性機會,獨家供應是其中之一。在這方面,英特爾具有代表性。提升營運效能的方案往往為策略換新提供基石[22],猶如遊行的觀眾踮起腳尖,瞥見新東西,他們獲得一個不同的視角,開始轉變他們的定位。一旦充分成熟後,英特爾的技術轉移策略——後來被稱為「完全複製!」(Copy EXACTLY!)——不再易於仿效,因為它需要顯著的組織及文化調整。在「完全複製!」之下,該公司的生產部工程師喪失大部分的自主權,英特爾的技術製造部高級院士尤金·梅朗(Eugene Meieran)回憶:「這引發很大的文化爭議，工程師們說：『我是工程師，我想對流程做出改變，我為何要歷經這一堆繁文縟節〔連最小的改變也必須經過高階經理的核准〕？』」[23]不意外地，一些工程師非常不滿，離開英特爾。[24]

　　組織投資於提升營運效能，當然有可能最終做完全相同於競爭者的一套活動，但這種可能性很低。縱使兩家公司擁抱相同的管理方法——例如持續改善或高效力的獎勵制度，它們的執行方式也將不同，它們將找到不同途徑去提高 WTP 或降低 WTS。因此，營運效能可做為策略換新的一個有力跳板。

本章結論

　　檢視營運效能是否會影響各個公司的生產力時，我得到以下幾個洞察：

- **優良的管理實務及營運效能有助於創造公司之間的差異性，**它們不易做到，傳播緩慢，可以做為一種長期競爭優勢的基礎。
- **如同英特爾的經驗顯示，營運效能和策略兩者密切關連。**我的建議是，不必去注意它們的區別。別因為一項方案看起來是投資提升營運效能，就鄙視它，它很可能成為策略換新的催化劑。
- **與其考慮專案是否支持策略或營運效能，不如考慮提高 WTP 或降低 WTS 的潛力。**若成功執行一個方案，競爭者是否易於仿效它？若一專案能夠促成改變，且難以被仿效，它將改善公司的競爭地位，提高獲利力，不論這項專案是否為聰明的策略行動，或是意圖改善營運效能。
- **改善管理品質能夠創造可觀價值，這是無庸置疑。**但切記，更好的執行取代不了明智的策略，「執行勝過策略」、「文化能夠輕易擊敗策略」之類的箴言是無稽之談，完美無瑕地執行一方案並不會改變無法創造價值的 WTP 或 WTS。

第五部

執行

第 16 章

制定策略

你打算如何改變 WTP 及 WTS ？

　　一旦決定了如何創造價值——提高願付價格（WTP）或降低願售價格（WTS），接下來就是實行你的策略的時候了，有什麼比這更令人興奮的呢？來到這一步，疑問將會很多？必須如何改變活動？如何調整投資型態？哪些方案優先？本書的第一部將探討公司如何從策略研擬邁向策略執行。

　　在投入於任何方案或專案之前，務必對它們將如何改變 WTP 或 WTS 有一定詳細程度的了解。公司往往以概略的策略構想為基礎，許多策略構想以簡單明瞭處方形式呈現——例如成為公司所屬市場上的第一或第二名；創造一個強而有力的品牌；投資於鄰接事業；建立全球性規模。檢視這類處方時，我總是發現，它們對一些公司管用，但卻對其他公司不管用。為了更加了解詳情，來看一個著名品牌如何賦予持久的競爭優勢。品牌策略顧問公司凱度（Kantar）每年公布前一百名最有價值的全球品牌，你大概猜想得到，蘋果和谷歌總是名列前茅，但這份榜單上也有較不知名的公司，例如印尼的中亞銀行（Bank Central Asia）。這一百個品牌當中，有 57 個是美國品牌，14 個是中國品牌。

　　這項排名反映的資料深度使它特別值得注意。凱度製作此排名時，使用許多變數，包括一品牌的市場占有率及溢價、它的顯著性（人們多快想起它）、它的獨特性及意義（它是否以打中痛點方式迎合顧客需求）。[1] 為了製作這個排名，凱度在超過 50 個市場訪談 360 萬人。顯然地，得分高的品牌具有高價值，根據凱度的說明，前一百大全球品牌總值 4.4 兆美元，大於德國的 GDP。

　　你能想像，當我調查這些全球最有價值的品牌對組織的整體財務成功做出多少貢獻時，我有多驚訝嗎？答案是：平均而言，沒貢獻。＜圖表 16-1 ＞比較 2013 年至 2108 年期間，品牌強度（凱度公司評量的品牌強度）變化和財務績效變化。[2] 從這圖表可以看出，有時候，關連性一如我們的預期，例如家得寶的品牌價值提高近 290 億美元，它的投資資本報酬率（ROIC）提高 18 個百分點，達到 34.7%。IBM 的情形恰恰相

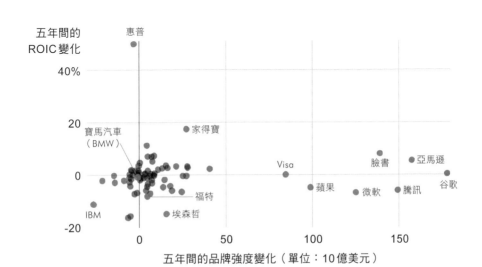

圖表 16-1　品牌價值與財務績效

反：它的品牌價值降低，財務績效也變差。惠普科技（Hewlett-Packard）的情形也不難理解，該公司的獲利力大幅提高，但它靠的是別的方法，不是強化品牌。但是，一些公司的情形就令人困惑了，例如Visa和谷歌，兩家公司的品牌價值顯著提高，谷歌的品牌價值提高了1,880億美元，但品牌價值的提高顯然對這些公司的獲利力沒有影響。顧問公司埃森哲（Accenture）的情形更驚人，該公司的品牌價值提高，但其獲利力下滑！就我檢視的75家公司（無法取得所有前百大品牌的財務資料）而言，品牌價值變化和ROIC變化這兩者的關連係數是0.0353，相當於零！

　　看到這裡，你大概思緒飛揚。該如何解釋這資料型態呢？科技公司有何特殊之處嗎？難道存在品牌增強的報酬遞減原理嗎？若埃森哲沒有提高品牌強度，財務績效會不會更糟呢？光看＜圖表16-1＞，很難回答這些疑問。不過，很顯然的是，**品牌強度和財務獲利力之間的關係並不如你可能預期的那樣簡單明瞭。**（公司在實行聚焦於品牌的策略時，往往認為品牌增強將使獲利力提高。）

　　或者，來看另一個論點：更大的規模將讓獲利力和利潤提高，這是我們在第13章探討過的論點。＜圖表16-2＞繪出美國律師事務所的這個關連性情形。

▌利潤

　　律師事務所規模（以律師人數衡量）和它們的利潤之間並無明顯關連性。*是的，凱易律師事務所（Kirkland & Ellis）規模大，而且在財務

---

* ＜圖表16-2＞中的資料排除一些規模最大的律師事務所，因為它們組織成聯盟／協會形式，這些律師事務所的平均利潤低，但無法把它們的財務績效直接相較於圖表中合夥人形式的律師事務所的財務績效。

圖表 16-2　美國律師事務所的規模與獲利力

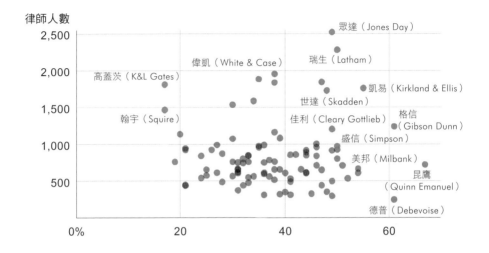

上很成功，但高蓋茨（K&L Gates）的規模相似，其獲利力落在墊底的
20% 之列。

　　這些例子顯示，**在訴諸一策略、並開始執行前，應該思考：在什麼
境況下，這個策略處方將提高 WTP 或降低 WTS ？**這個疑問很重要，
因為思考這個疑問將使更你明確於一個提議的方案將如何改變 WTP 或
WTS 的機制。我們往往在觀察到背後機制時，才開始明白為何聽起來明
智的策略可能不適用一家特定公司的境況。檢視一方案如何提高 WTP
或降低 WTS，也能讓你認知到你的公司執行一個策略時需要什麼資源及
能力，＜圖表 16-3 ＞說明機制與資源之間的關連性。

　　思考一個策略行動方案如何創造價值，往往能獲得意外洞察。很多
時候，表面上看起來是一個策略，一個成功的處方，但實際上往往是一
組不同的策略，需要不同的能力及資源。[3] 舉例而言，較強的品牌可透
過賦予地位、降低不確定性、建立品味及典型等機制來提高 WTP，就看
使用的機制而定，品牌以非常不同的方式去取悅顧客。下文說明每一種

圖表 16-3　提高 WTP 的不同機制

機制，以凸顯它們的差異。

▍賦予身份地位增加 WTP：賓士和古馳

　　品牌幫助顧客傳達人設，這概念直覺易懂，各種品牌用以達到這目的的方法與技巧相當奧妙，引人入勝。舉例而言，賓士（Mercedes-Benz）在多數車款的引擎蓋或護柵上鑲上它那著名的星星標誌，星星標誌的大小不一，從直徑不到 8 公分到將近 20 公分，最大的星星留給最便宜的車款，**平均而言，星星直徑每縮減 1 公分，顧客多支付 5,000 美元。**[④] **賓士的品牌經理了解，比較不那麼富有的顧客願意為彰顯的品牌標誌賦予的社會地位差異化支付更高的 WTP，而更富有的顧客偏好更低調的標誌，因此，較昂貴的車款的賓士星星標誌較小。**

　　在其他奢侈品市場上也可以觀察到相似型態。舉例而言，學者韓永姬（Young Jee Han，音譯）等人研究包包市場，發現品牌提高三類群顧客的 WTP。[⑤] 對最富裕的顧客（例如名門望族後代）而言，品牌代表屬

圖表 16-4　古馳包：Sylvie 款（左）及 Marmont 款（右）

於這個群體。對新貴／暴發戶而言，品牌是讓他們和不如他們富有者區分開來的一種工具。最後，對於不那麼富有、渴求社會地位的消費者而言，**奢侈品牌包包象徵歸屬感的渴望**。來看看兩款古馳（Gucci）包包如何分別為這些客群提高 WTP（參見＜圖表 16-4 ＞）。[6]

　　古馳 Sylvie 系列手提包款（售價 31,000 美元）設計低調，需要顧客辨識出古馳的綠紅綠條紋標誌，注意到它的真鱷魚皮的獨特光澤。這款包包迎合那些重視對身份低調含蓄的名門望族，古馳把其品牌隱藏起來，只有那些知情者認識彼此。古馳 Marmont 系列包包的設計比較高調，有顯著的古馳標誌（售價 2,790 美元），流行於那些重視清楚區分社會地位的新貴／暴發戶客群。韓永姬等人的研究顯示，這個客群不會購買 Sylvie 系列，因為他們不認得這是一款古馳包。[7] 在古馳的這個品牌戰術之下，該公司的新貴／暴發戶客群不會冒充名門望族客群。仿冒品的最大需求來自需求社會地位的較低所得群，由於這群體喜愛明顯的標誌，仿冒的 Sylvie 包（319 美元）居然比仿冒的 Marmont 包（359 美元）還便宜。[8]

▌降低不確定性：拜耳

如何把 WTP 提高到你可以對一項有許多替代品的產品索取 200% 的溢價？問問拜耳公司（Bayer）如何做到。

拜耳在 1897 年開發出阿斯匹靈，這項藥品已持續成功一個多世紀。阿斯匹靈早已不受任何專利保護，許多競爭產品有完全相同的活性成分（乙醯水楊酸）、相同劑量、廣泛可得性，且價格遠遠更低，你常光顧的藥房甚至可能在擺放有非專利藥的貨架上貼著小小的「比價」標籤，提醒你若選擇拜耳品牌的阿斯匹靈，它是價格明顯過高的產品。拜耳如何捍衛它的地位呢？

拜耳之類的品牌之所以值錢，是因為它們降低產品性能的不確定性。非專利藥真的和原專利品牌的樣品一樣好嗎？相較於其他生產相同藥的製藥商，拜耳或許更可靠？當不確定性消失，這些品牌的價值將降低或消失，例如，更有見識的消費者——那些能說出阿斯匹靈的活性成分的消費者——較可能把品牌藥留在貨架上。一群學者對有高度替代品的品牌藥進行研究，他們估計，若所有人都像藥劑師那麼有相關知識，阿斯匹靈的市場占有率將下滑超過 50%。[9]

這種現象並非只出現於阿斯匹靈這項產品。業餘廚師購買的品牌鹽及糖是專業廚師的兩倍。在所有產品類別，美國消費者每年花 1,660 億美元在可以輕易取得相近品質的自有品牌替代品的產品上。[10] 在所有這些例子中，品牌藉由灌輸信心來創造價值，它們向消費者保證他們購買的是具有他們希望的品質的產品。所以，不意外地，在那些產品品質差異較大的國家，這種品牌溢價較高。例如，在中國，總的來說，非專利藥的售價是國際價格水準[11]，但品牌藥的售價可能是非專利藥的六倍，如此驚人的品牌溢價，有部分要歸因於藥品安全性醜聞以及導致的消費者不安。[12]

搶先品牌佔有優勢：麥斯威爾

在一些情況下，品牌藉由教導我們產品及體驗該是什麼模樣、感覺、甚至味道，提高我們的 WTP。福爵（Folgers）是美國銷售量最大的咖啡品牌，市場占有率 25%（星巴克的市場占有率為 12%）。[13] 但是，福爵在紐約市吃不開，稱霸紐約市咖啡市場的是麥斯威爾（Maxwell House）。麥斯威爾的優勢早就不是什麼祕密：它教導紐約客咖啡該是什麼味道。該公司進入紐約市遠早於福爵，長期下來，紐約客喜歡上麥斯威爾，現在，他們偏好它勝過任何其他品牌。

行銷與管理學教授巴特·布朗尼柏格（Bart Bronnenberg）及其同事分析市場占有率後發現，全美各地都存在這種情形，**搶先進入一個市場的咖啡品牌最終贏得大部分的市場占有率**。[14]1872 年創立於舊金山的福爵是美國西部的最大品牌，1892 年於田納西州納許維爾（Nashville）推出的麥斯威爾則雄霸美國東部和西南部。當消費者同時品嚐各種咖啡品牌時，他們的味蕾告訴他們，他們最喜歡的是他們習慣喝的品牌，也就是首先進入他們所在地市場的那個品牌。

許多消費性包裝商品的口味導向忠誠度很明顯。若你生長於印度，我猜「Amul」是你喜愛的奶油品牌；在墨西哥，你選擇的麵包品牌是「Pan Bimbo」。[15] 第一印象具有決定性，百威淡啤（Bud Light）是美國最暢銷的啤酒，但在芝加哥，它充其量只能當老二，美樂（Miller）啤酒遠遠更早進入這個市場。洛杉磯人喜愛好樂門（Hellmann's）美乃滋，而丹佛人偏好卡夫（Kraft）這個品牌，這個型態反映的是品牌進入當地市場的順序。消費者在成長過程中發展出他們的產品口味：「美乃滋的味道就該這樣」。口味導向忠誠度是高瑞吉（Godrej）食品在印度賣得特別好的原因之一，這也是高露潔（Colgate-Palmolive）品牌牙膏在美國特別賺錢的原因之一。

品牌樹立難以擊倒的標準，口味導向忠誠度只是其中一例。亞馬遜教美國人如何一鍵購物，微信教中國消費者如何使用即時通應用程式支付幾乎一切東西，愛彼迎（Airbnb）樹立我們尋找民宿方式的期望。有時候，一個品牌名稱變成一種活動的同義詞：我們「Google」資訊，「舒潔」（Kleenex）我們的臉，「TikTok」有趣影片。在所有這些例子中，後進的品牌面臨著一個困難選擇：當它們提供的體驗不如或不同於既有標準時，可能令消費者失望；當它們仿效既有標準時，它們被視為平凡。

<圖表 16-5 >簡述品牌提高 WTP 的三條主要途徑。

面對一個提議的策略，思考它將如何提高 WTP，將會很有幫助，因為這個疑問的答案往往指出此策略在什麼情況下不太可能改善財務績效。品牌強度為寶馬汽車（BMW）提高 WTP，開全電動的寶馬 i8 車款無疑地賦予地位，但你會為福特焦點（Ford Focus）或雪佛蘭羚羊（Chevrolet Impala）的品牌強度而買單嗎？

圖表 16-5 品牌提高WTP的三種機制

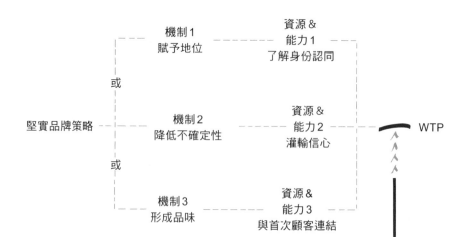

　　我們來看看＜圖表 16-5 ＞中的三種機制。在車子市場，賦予地位的機制顯然適合名車及皮卡車，這種機制對於福特焦點或雪佛蘭羚羊之類中型轎車不太可能有效。至於降低不確定性，汽車品質曾經是個嚴重問題，經常故障，買車者難以取得特定車款可能性能的資訊，在這樣的環境下，堅實品牌相當有價值。但一切已大大改變，現在的車子遠遠更加可靠，我們彈指間就能取得特定車款的長期性能的大量資訊，因此，**使用品牌來降低不確定性，不太可能在汽車市場上創造多少價值**。第三種機制——形成品味——意指對某產品的早期體驗可能形成對該品牌的長期忠誠度，例如，在中型轎車區隔，許多顧客重複購買相同品牌，但只有一小群顧客有堅實的忠誠度。[16] 只有少量證據顯示，早年駕駛體驗能夠永久地提高該品牌的 WTP。

　　考慮了這三種機制後，投資於福特焦點或雪佛蘭羚羊品牌可能是浪費。事實上，就連在整個公司層次，我也沒發現福特或通用（GM）的品牌強度跟這些公司的財務績效有關連的證據。

本章結論

本章內容雖聚焦於品牌策略，重點廣泛適用：

- **策略成功的處方背後往往是把 WTP 或 WTS 跟財務績效關連起來的不同機制**。例如，規模可能代表規模經濟（降低成本及 WTS）、學習效應（降低成本及 WTS）、網路效應（提高 WTP）、投資於互補品的誘因（提高 WTP）。

- **看你使用這些機制中的哪種而定，不同的機制可能需要不同的資源及能力**。還記得第 9 章提到 Friendster 的失敗嗎？對該公司而言，規模代表網路效應，但北美地區用戶和印尼的用戶有各自的網路效應，因此，Friendster 以「先到先得」原則，一視同仁地註冊全球的新用戶，反而稀釋了網路效應。若規模代表的是規模經濟（例如，投資在一個全球性技術平台的固定成本），那麼，同時追求多個市場可能就是個合理策略。

- **藉由詢問執行方法，了解策略建議與 WTP 或 WTS 之間的關連機制，將能更深入了解策略性行動可能帶來的財務績效影響**。若你發現未能說明將如何改變 WTP 或 WTS 的策略，那麼出色地執行策略，但未能獲得長久的財務性影響的可能性很大。

第 17 章

取捨

把資源用在最有價值的事上

　　圖片分享網站 Flickr 和即時通協作平台 Slack 的共同創辦人史都華・巴特菲爾德（Stewart Butterfield）的經歷，最能清楚示範幸運的意外（以及意外的幸運）在創業過程中扮演的角色的重要性。巴特菲爾德的第一個新創公司開發一款多玩家線上角色扮演遊戲，想創造大轟動，但未能成功，不過，為開發這款遊戲而打造的工具卻成為圖片分享網站 Flickr 的基石，巴特菲爾德最終把 Flickr 賣給雅虎（Yahoo!）。他後來重返遊戲領域，製作出 Glitch，又一次失敗，但又一次例示，為一項失敗的專案撰寫的軟體後來被證明有用處：這軟體被用來建造工作場所的即時通平台 Slack，該公司於 2019 年公開上市，一年後的市值為 150 億美元。

　　從很多方面來看，Slack 示範了本書中探討的心態。該公司執著在顧客的願付價格（WTP）和人才的願售價格（WTS），它致力於擺脫狹隘的產品導向心態。巴特菲爾德在一篇標題為〈我們不賣馬鞍〉（We Don't Sell Saddles Here）的文章中解釋聚焦於 WTP 將如何開啟商機：

假設一家名為 Acme Saddle 的公司，該公司可以只賣馬鞍，如果是這樣的話，他們的賣點大概是他們使用的皮革的品質，或他們的馬鞍有華美的裝飾，……。或者，他們可以銷售騎馬運動，成功銷售騎馬運動就意味著他們壯大了他們的產品市場，同時又為談論他們的馬鞍營造了完美的環境。①

由於該公司信奉一個宏廣的創造價值理論，它的許多顧客覺得 Slack 新穎且獨特，這很有趣，因為 Slack 其實並不新穎，也不獨特，在它之前，已有類似的產品存在，但 Yammer、HipChat、Campfire 等等平台未能流行起來，因為顧客難以看出群體即時通如何創造價值。巴特菲爾德說明深入了解顧客 WTP 的過程：

我們的工作是建造真正實用、真正能使人們的工作生活變得更簡單、更快樂、更有生產力的東西，同等重要的是，我們的工作也要去了解人們認為他們想要什麼，然後把 Slack 的價值轉化成他們想要的價值……。站在第一次來到 Slack 平台的人的立場設想，尤其是被他的上司要求前來試用這個平台的人。他可能有點餓了，因為沒時間吃早餐；他可能焦急於在長週末渡假前完成一個專案。站在他們的立場設想，意味的是就如同你檢視隨便一套你未投資、也不涉及特殊利益關係的軟體那樣地去檢視 Slack。②

在如此執著於 WTP 的公司，巴特菲爾德及其團隊開始發展這個即時通平台時，做出了一個反直覺的決定：他們並未致力在發展出一個全能的、運作得很好的產品，他們把全部心力投入於僅僅三項特色——搜尋、各種器材同步化、檔案分享，犧牲許多其他功能。一家真心關切顧客 WTP 的公司，怎麼會走捷徑呢？為何不把方方面面都做好呢？採行一個完全聚焦於價值創造的策略時，最大的一個風險大概是這個：聚焦在 WTP（或 WTS）的主張隱含面面俱到，他們想讓每一個能想到的指標都變得更好。**那些試圖面面俱到的公司總是未能創造顯著價值，因為每一種價值主張反映的是一套消長取捨，做與不做的混合，希望與失望的結合。**

Slack 決定只聚焦於三種特色，是這種取捨的例子。我的同事文永梅（Youngme Moon，音譯）教授在其探討差異化的著作中稱此為「**逆向定位」（reverse-positioning）品牌**③，**這類品牌選擇在產品的許多層面陽春化，但在其他層面卻鋪張到驚人**，宜家家居（IKEA）、捷藍航空、早期的豐田卡羅拉、以及 Slack，全都採行逆向定位。

資源有限是企業採行逆向定位的主要原因，想在一特定層面（例如，搜尋）做到出色，Slack 必須忽視許多其他層面。這項原則不僅適用在資源特別有限的新創事業上，欲做到卓越境界，總是需要供給不足的資源──時間、資本、管理階層的注意力，把這些資源投資於一處（以便在這部分做到傑出），意味著別處將無法獲得它們。**把資源分散在許多產品屬性及無數服務特色上的公司，最終將在各方面都表現平庸，因為它們缺乏成為真正卓越所需要的資源及手段。**我的同事法蘭西絲‧弗瑞（Frances Frei）和安妮‧摩里斯（Anne Morriss）分析那些提供非凡服務品質的公司，得出結論：「**為了在某些層面優秀，你必須在其他層面拙劣。」**④

取捨的邏輯完全有道理，不難理解。「我們對於試圖做到極佳的三件事有過很多討論」，巴特菲爾德說：「最終，我們發展出非常重視這件事的 Slack。這聽起來可能簡單，縮窄聚焦點可以使你公司覺得能夠應付大挑戰及大利益。突然間，你就在賽局中領先了，因為你在那些真正影響用戶的事情上做得最好。」

▎價值圖：使取捨更顯而易見

在哈佛商學院的許多主管培訓課程中，我們進行所謂的「價值圖」（value map）練習。在讓課程學員親自動手做的所有作業當中，這是影響力最強的作業之一，我們已經讓數百家公司做過這項練習，每一次練習，學員都留下深刻印象。

首先是挑選一群顧客建立一個價值圖，或是要為人才建立一個價值圖的話，就挑選一群員工。接著，列出這群顧客購買時的重要考量，這些考量稱為「價值驅動因子」（value drivers，參見＜圖表 17-1 ＞），想想那些左右 WTP（或 WTS）的產品及服務屬性。

然後，把這些價值驅動因子依序從「最重要的」到「最不重要的」排下來。例如，顧客可能最重視服務速度，那麼，「速度」就是價值驅動因子 1。若顧客不太在意服務價格，「價格」就下降至清單的最底。

圖表 17-1　價值驅動因子

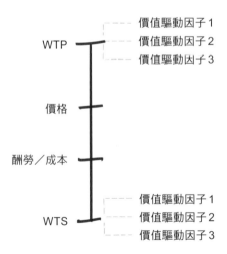

切記，這裡指的是顧客的觀點，不是你的觀點。最後一步，針對每一項價值驅動因子，指出你的公司有多擅長滿足此顧客需求。例如，「速度」可能對你的顧客很重要，但你的公司可能在提供快速服務方面相當普通。[5]

　　價值圖能讓你一眼看出你的競爭地位及策略機會[6]，＜圖表 17-2＞顯示的是一個全球性顧問公司（所謂的四大顧問公司之一）的例子，這價值圖是基於倫敦的溯源全球研究公司（Source Global Research）所做的訪談。為了得出價值驅動因子及它們的排序，該公司每年和三千多位主管訪談他們近期的顧問服務體驗。

　　從＜圖表 17-2＞可以看出，這家顧問公司的客戶最關心客戶管理流

圖表 17-2　一家全球性顧問公司的價值圖

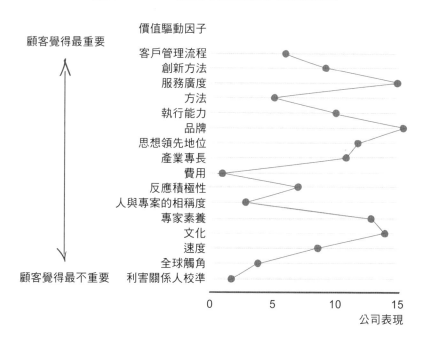

程以及創新能力，它們是排名最前面的兩項價值驅動因子，而全球觸角和與利害關係人的管理是客戶較不關心的項目。這價值圖也顯示出，該顧問公司的價值主張並非與客戶的 WTP 一致，該公司在一些重要的服務屬性（例如創新能力）上表現欠佳，在客戶覺得不太重要的領域（例如文化）的表現卻是超出期望。溯源全球研究公司的共同創辦人暨聯合管理總監菲奧娜・切尼亞夫斯卡（Fiona Czerniawska）對這些結果並不感到意外，她解釋：

> 多數顧問有強烈的客戶服務感，他們真誠地嘗試做客戶想要的，但他們不是很確實知道他們的客戶想要什麼，他們傾向提供**他們**認為客戶需要的東西。他們應該與客戶好好交談，以確實了解客戶需求，但他們並未接受這樣的訓練。當客戶要求一個提案時，顧問談的是**他們的**工作，他們不會思考：「那客戶幹麼僱用我們？他們幹麼不自己做這個？我們理應為客戶帶來哪些他們重視的東西？」這意味的是，他們的提案中沒有客戶真正需要的東西，也就是說，做這專案的顧問並不真正了解客戶為何僱用他們。[7]

不是只有顧問業存在這種問題，許多產業及公司的價值圖與＜圖表 17-2 ＞類似。若價值驅動因子適當地從最重要排序至最不重要，一條理想的價值曲線（value curve）——連結表現水準和每項價值驅動因子的曲線——會從右上往左下傾斜。這樣的公司在顧客最重視的價值驅動因子上做到超出期望，它們把資源從那些排序較低的價值驅動因子轉用在排序較高的價值驅動因子，使它們能夠在這些項目上保持卓越。為何不在所有面向上都做到卓越呢？消長取捨。從右上往左下傾斜的價值曲線反映為提供出色服務而必須做出的取捨。

當雄心壯志遇上取捨

在哈佛商學院讓來上課的主管們進行這練習時，我先和他們討論取捨的重要性，再讓他們為公司建立價值圖。這項討論通常是簡短的交談，大家都贊同公司無法樣樣都擅長，真正的卓越需要公司把資源從較不重要的價值驅動因子轉移至顧客真正重視的項目，以提高顧客 WTP。

當學員完成他們的價值圖時，我請他們用箭頭表示出他們希望自己公司的價值主張如何歷時改變（參見＜圖表 17-3 ＞）。你猜結果如何？

所有箭頭都指向右邊！在前面，大家已經都贊同取捨之於事業成功的重要性，但一小時後，通常見不到他們做出取捨，聰敏、雄心滿滿的

圖表 17-3　改進全球性顧問公司的價值主張

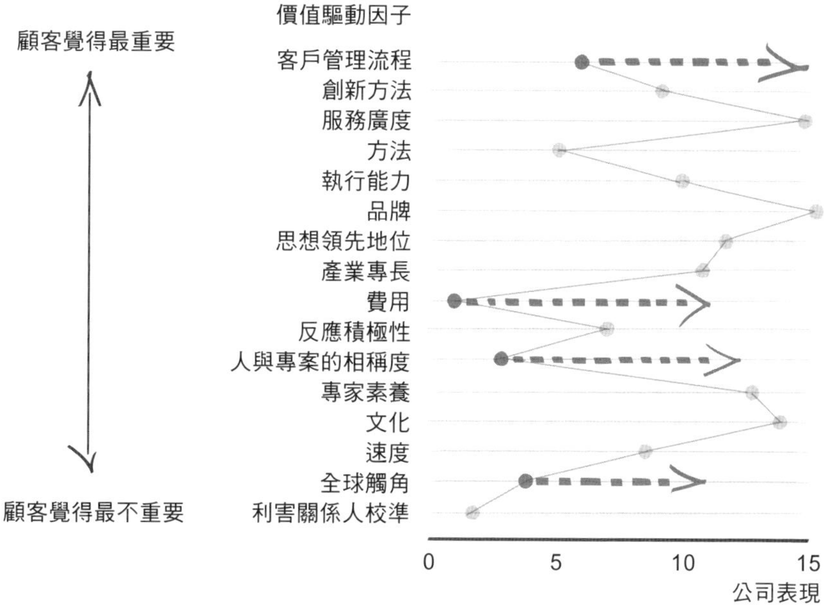

主管們想要他們的公司變得樣樣都更好！這是否讓你聯想到你的公司？你是否在會議中列出一長串要改進的產品及流程？當然，壞消息是，**任何想要樣樣都變得更好的企圖幾乎可以保證樣樣都落得平庸。把珍稀資源分散於許多價值驅動因子，你的組織不可能做到真正的卓越。**

　　我一直在思考，為何會這麼難以做出取捨？為何這麼難以決定別做什麼？為何這麼難以決定別投資於什麼？為何這麼難以決定放手讓一些項目表現欠佳？以下是我的一個猜測：**非常能幹、聰明的人最難接受「取捨」這概念**，而我在公司最高管理階層和哈佛商學院主管教育課程中遇到的，就是這類型人。這類型的人可能擅長幾乎所有事情，他們犧牲一點點睡眠，就能完成巨量工作，及時且品質極佳。但是，把這種個人成功模式應用於組織，那就危險了，一些人可能擅長幾乎所有事情，但公司不能，**公司必須挑選在何處致力於做到卓越，否則，它們就會一直停留在二流水準。**

本章結論

本章的啟示很明顯：

- **價值圖是一種能夠提供大量資訊的簡單明瞭工具。**它們揭露左右顧客 WTP 的產品與服務屬性；它們顯示你的公司在何處有創造顧客愉悅的優勢，以及你的公司在何處薄弱；或許，最重要的是，它們顯示你的公司是否做出適當的取捨。你的公司是否在重要項目做到卓越？

- **決定在何處追求卓越，並且搞清楚該如何做出進步，這令人振奮。但是，遠遠更困難的是決定別投資於何處，放手讓哪些項目表現欠佳。真正的卓越是建立在取捨之上，沒有公司能夠樣樣都擅長。**

- **下一次，當你和團隊開策略會議、並且開始列出一長串待解決的問題、要完成的專案、以及要改進的服務時，記得思考：「我們該停止做什麼？」**

第18章

執行策略

價值圖指引出方向

　　價值圖不僅使企業的取捨顯而易見，也幫助指引投資方向，使策略和營運關連起來。**本章將探討公司如何使用價值圖來連結策略和活動及預算。**

▌選擇一個價值主張：智遊網

　　第3章提到，一家公司獲取它所創造的價值的能力完全取決於差異性——WTP或WTS的差異性。比較你公司的價值曲線和競爭者的價值主張，你可以辨識出重要差異性以及提高差異性的方法，下文來看一個例子。

　　線上旅行社智遊網想製作它的價值圖，它從詢問顧客如何選擇旅遊網站著手。首先，它進行親身的開放式談話和焦點團體座談會，這兩種方法適合用於辨識重要的價值驅動因子。有了一份顧客重要考量項目清單後，該公司接著對超過 13,000 位旅遊者進行問卷調查，以更加了解各項價值驅動因子的重要程度。公司也詢問旅遊者，智遊網在符合他們的

圖表 18-1　線上旅遊服務的價值圖

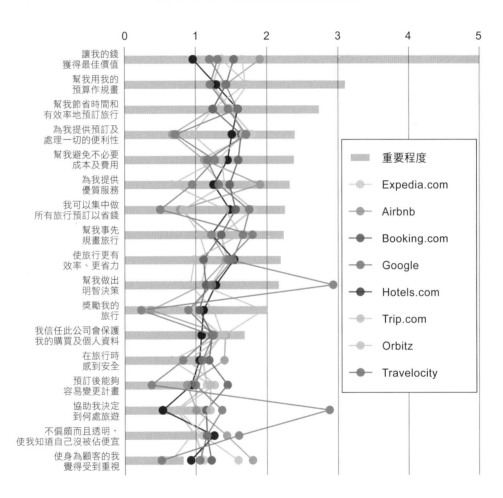

讓我的錢
獲得最佳價值

幫我用我的
預算作規畫

幫我節省時間和
有效率地預訂旅行

為我提供預訂及
處理一切的便利性

幫我避免不必要
成本及費用

為我提供
優質服務

我可以集中做
所有旅行預訂以省錢

幫我事先
規畫旅行

使旅行更有
效率、更省力

幫我做出
明智決策

獎勵我的
旅行

我信任此公司會保護
我的購買及個人資料

在旅行時
感到安全

預訂後能夠
容易變更計畫

協助我決定
到何處旅遊

不偏頗而且透明，
使我知道自己沒被佔便宜

使身為顧客的我
覺得受到重視

重要程度

Expedia.com

Airbnb

Booking.com

Google

Hotels.com

Trip.com

Orbitz

Travelocity

需求上表現得如何，然後把自己的表現拿來和競爭者的表現互相比較。這項調查與研究的結果如＜圖表 18-1 ＞所示。[①]

　　＜圖表 18-1 ＞中的價值驅動因子從最重要的項目（「讓我的錢獲得最佳價值」）排序至最不重要的項目（「使身為顧客的我覺得受到重視」），灰色橫條代表每個項目的重要程度。你可以看到，六家公司在許多項目上的表現很接近，顯示這是一個競爭激烈的產業。為了得出差異化型態，智遊網的研究團隊把價值驅動因子區分為八大主題，如＜圖表 18-2 ＞所示。[②]

　　從＜圖表 18-2 ＞可以看出，Airbnb 在「物有所值」這類別中領先，智遊網在節省時間與金錢方面獲得高分。谷歌做出了最明確的取捨，它在旅行規畫階段的表現最優秀，但欠缺旅行者需要的許多其他服務。Booking.com 和 Hotels.com 基本上無差異。

　　把價值驅動因子加以分類，可以提供品牌個性（brand personality）感。智遊網的策略副總艾奇・阿南德（Ike Anand）主持該公司的價值圖分析計畫，他解釋：「檢視我們的競爭者時，我們發現，它們通常在試圖達成相似目標的價值驅動因子方面做得很好。為了在消費者心中表現突出，你不能只在一項價值驅動因子上做得很好，你必須在一個主題（類別）上做得很好。」[③] 雖然，區分主題很有助於了解顧客如何做出選擇，阿南德仍然建議，做研究時，從特定、個別的價值驅動因子起步：「若你用主題（類別）來詢問消費者，就無法獲得你需要據以採取行動的細部資訊。」

　　像智遊網所做的這種詳細分析能幫助你的公司選擇一個有利的競爭定位，這個競爭定位將包含顯著的差異化點──一組能夠確保你在競爭中突出的價值驅動因子。為了在這些層面贏過你的競爭者，你將必須把資源從那些你不優異的其他價值驅動因子轉移到這些層面，這些是和你的競爭定位相關的取捨。

圖表 18-2　價值驅動因子分類及各公司表現

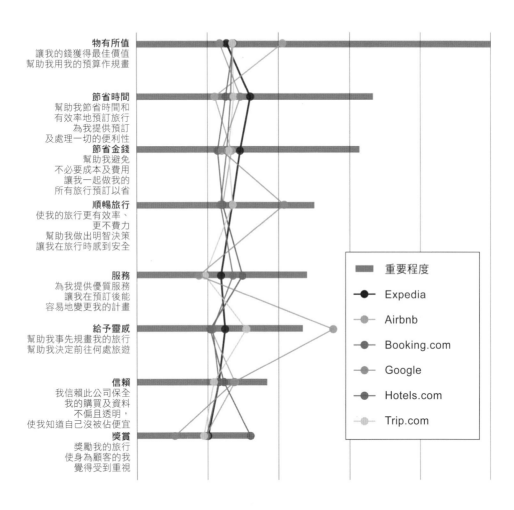

我們來看一個假設性例子。假設智遊網想對價值主張做出＜圖表
18-3 ＞中顯示的三個改變[④]，你要用什麼標準來選擇一個提案？以下是
主要考量。

- **投資報酬率是多少？**針對每個提案，計算期望的投資報酬率。提
  案 1──改善你幫助旅行者在預算內作規畫的方式──在提高
  WTP 方面可能很有成效，但發展與執行上可能昂貴，因此可能
  降低財務報酬。針對一個價值驅動因子的每個改變，你應該評估
  它對 WTP 的影響，以及為創造更多價值所需要的資源及能力。
- **這項價值驅動因子有多重要？**由於你尋求價值主張的改變能帶來
  高報酬，因此，最具吸引力的行動方案是那些能夠改進圖中名列
  前茅的價值驅動因子的方案。對於投資在排序較低的價值驅動因
  子的優點，你應該充滿懷疑地看待。
- **這個價值驅動因子是一個主題（類別）的一部分嗎？**達成同一目
  的的一群價值驅動因子通常構成具吸引力的投資機會，如同阿南
  德所言，主題幫助你的公司在消費者心中更突出。
- **你是想迎頭趕上，或是超前領先？**在改進缺點的方案（提案 1）
  和強化一個現有競爭優勢的方案（提案 2）之間做出選擇，可能
  相當不易，尤其是當它們將產生相近的財務報酬時。在這類情況
  下，切記你希望達成什麼。你想提高 WTP（這兩個提案都能達
  成），同時又維持或增進差異化，只有提案 2 能達成後者。改善
  幫助旅行者在預算內作規畫的方式能提高智遊網的吸引力，但是
  同時也變得跟 Airbnb 更像，迫使兩公司更加重價格競爭。通常，
  **比起迎頭趕上你的競爭者，強化你的一個既有競爭優勢是更好
  的點子。**
- **你將減少哪些層面的投資？**辨識應該做得更少的層面，重要性不

圖表 18-3　改變你的價值主張

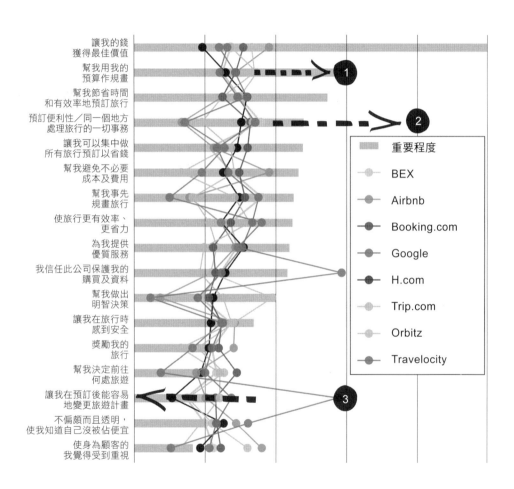

亞於思考提高 WTP 的途徑。提案 3 可能是個減少投資的不錯標的，因為它移除對旅行者而言較不重要項目。跟多數公司一樣，智遊網也難以決定「不投資」於何處，阿南德回憶：「在討論中，優先項目部分比較容易，去優先化是較困難的部分。我們首次繪出價值曲線時，我們並未達到我希望我們能達到的目的，但這個討論很有幫助，因為它讓大家看到我們不願意刪除太多。若你持續這個流程──每季開會進行這討論，每年更新價值圖一次，再次進行這討論，它就會變成一種習慣，人們就會感覺做出這些去優先化的決策時更自在。」

納入所有這些考量後，你可能得出一條從右上角向左下角傾斜的價值曲線，如同我們在第 17 章討論的：在對顧客的 WTP 而言重要的層面表現卓越，把對價值創造影響較低的那些價值驅動因子去優先化。[5] 在此同時，你的價值曲線的形狀也必須反映競爭考量，**若你選擇的價值主張跟競爭者的價值主張很類似，即使是最聰明的資源分配，也不會創造什麼競爭優勢。**

▍顧客區隔：塔特拉銀行

智遊網使用價值圖來強化整體競爭地位，你也可以使用價值圖來指引你做出更細部的投資決策。**顧客區隔化是一個例子，多數公司服務不僅一個顧客區隔，使其中一個顧客區隔受益的方案可能會、也可能不會在其他顧客區隔創造優勢。**＜圖表 18-4a ＞和＜圖表 18-4b ＞顯示塔特拉銀行（Tatra Banka）──斯洛伐克結束共產主義統治後的第一家私人銀行──的價值驅動因子。創立於 1990 年的塔特拉銀行很快地在採用數位技術方面居於歐洲銀行業的領先地位，它在 2009 年首先提供行動

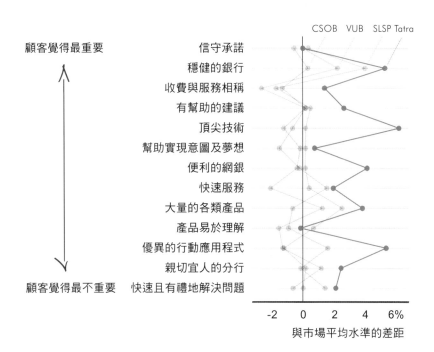

圖表 18-4a　塔特拉銀行的價值圖：大眾市場顧客

銀行業務，於 2013 年推出聲紋認證，2018 年推出人臉辨識，創新服務贏得上百座獎項。

2019 年末，塔特拉銀行決定更新它的策略，執行長米哈爾・利戴（Michal Liday）解釋它們的動機：「我們想根據我們從現行策略中學到的東西，升級至一個新層次，把世界趨勢及顧客的改變納入考量。」[6] 塔特拉銀行使用價值圖來了解它的策略性機會，「**這根源於我們最深層的信念，那就是差異化是在一個不同環境中成功的唯一途徑**」，利戴說：「我們總是致力於差異化。價值圖扮演重要角色，因為光說：『我們想與眾不同』是不夠的，你必須了解顧客如何看待市場，以及他們重視哪

圖表 18-4b 塔特拉銀行的價值圖，高所得顧客

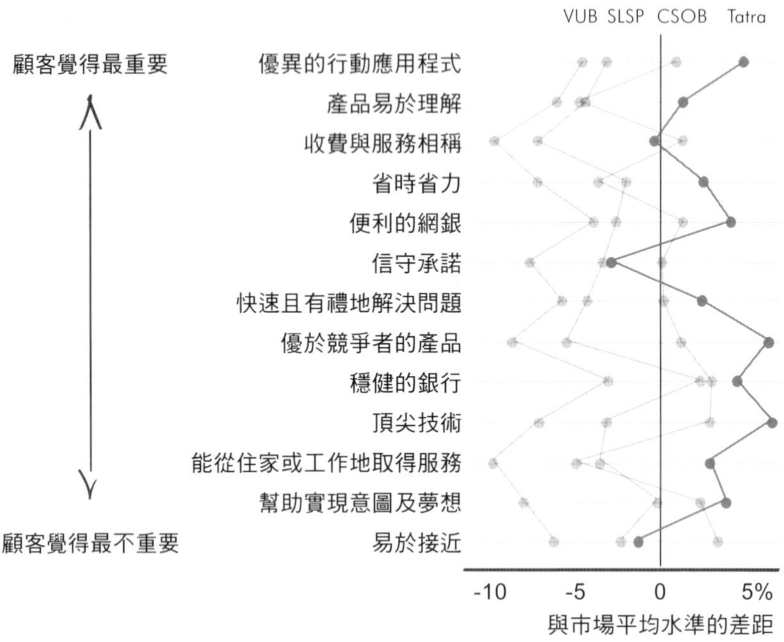

VUB SLSP CSOB Tatra

顧客覺得最重要

優異的行動應用程式
產品易於理解
收費與服務相稱
省時省力
便利的網銀
信守承諾
快速且有禮地解決問題
優於競爭者的產品
穩健的銀行
頂尖技術
能從住家或工作地取得服務
幫助實現意圖及夢想

顧客覺得最不重要　易於接近

-10　　-5　　0　　5%

與市場平均水準的差距

些要素，然後，你聚焦在這些要素上，實現差異化。」

　　塔特拉的領導團隊檢視更新後的價值圖，看出高所得顧客區隔和大眾市場顧客區隔顯著不同，如＜圖表 18-4a ＞和＜圖表 18-4b ＞所示。[7]

　　兩個區隔有一些相同的價值驅動因子，例如，兩個顧客群對費用敏感。但是，最顯著的是兩個區隔的價值驅動因子有許多的差異。高所得顧客群最關心的是優異的行動銀行應用程式，大眾市場顧客對塔特拉銀行的優異行動應用程式有好評（比市場平均評分高 6%），但對他們而言，行動應用程式的品質遠不如銀行的財務健全以及信守承諾重要。

　　不同顧客區隔之間的價值驅動因子差異性具有重要的策略涵義。在塔特拉銀行這個例子中，由於只有高所得顧客群重視行動技術，因此，投資在行動技術能產生的效益將不比這兩個顧客區隔更相似時能獲得的效益。在極端情況下（例如當不同顧客區隔有完全不同的價值驅動因子時），這種分析將顯示，公司不可能成功地服務所有顧客區隔，因此，你可能會決定聚焦在一個特定客群。價值圖凸顯共通性和差異性，為了有關於企業範疇的疑問提供洞察，幫助做出服務什麼客群和供應什麼產品的決策。

我建議在做價值曲線分析時，一開始先使用細分的顧客區隔，為許多不同的顧客群建立分別的價值曲線。若資料顯示，兩個顧客區隔有幾乎相同的價值曲線，你可以把這兩個客群視為同一個區隔。但是，若你一開始就使用大分群，影響策略的微妙差異可能被隱藏。

▍顧客旅程：KitchenAid

價值曲線資料也可用於更有效能地指引顧客歷經購買流程。＜圖表18-5＞顯示塔特拉銀行對大眾市場顧客群的行銷漏斗（marketing funnel），大眾市場約 90% 的人知道塔特拉銀行，但實際使用該銀行者僅 19%。

塔特拉銀行該如何讓更多人使用它呢？價值曲線將告訴你，哪些價值驅動因子特別能把顧客從行銷漏斗的一階段推進至下個階段。＜圖表18-5＞依照重要程度排序相關的價值驅動因子，例如，塔特拉的行動應用程式特別有助於鼓勵那些考慮和該銀行往來的顧客實際開設帳戶。但是，一位顧客在決定是否把塔特拉當成主要使用的銀行時，行動應用程式並不是那麼重要的考量。利戴解釋，這個事實：「反映我們先前的策略的一個缺點，我們聚焦於技術性創新及特色，而非聚焦於顧客體驗，但是，真正影響顧客與我們的關係深度的是顧客體驗，所以，我們現在

圖表 18-5　塔特拉銀行的行銷漏斗上的價值驅動因子

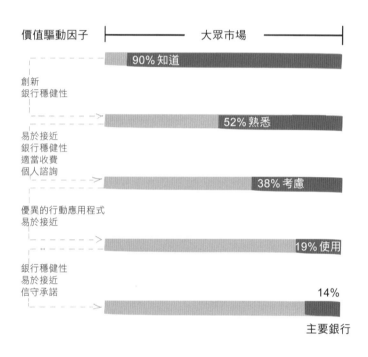

調焦，我們繼續使用科技，但用它來增進顧客與我們的互動。」

從價值圖到策略執行：惠而浦

　　決定要強化哪些價值驅動因子及不側重哪些價值驅動因子後，策略執行自然隨之而來，關鍵步驟是產生有潛力把價值驅動因子推往所欲方向的點子——這是讓你的創意飛揚的機會，然後，分派執行責任。[8] ＜圖表 18-6 ＞以廚房電器用品牌 KitchenAid 為例，呈現這過程。擁有這品牌的惠而浦（Whirlpool）把其投資聚焦於四項價值驅動因子 —— 多用途（versatility）、性能（performance）、外型（styling）、工藝（craftsmanship），

圖表 18-6　KitchenAid 的移動途徑

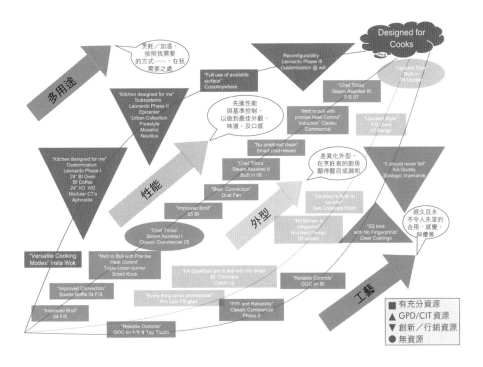

針對每一項，該公司提出一個標語，從顧客觀點敘述好處。多用途這個層面渴望提供：「烹飪／加溫，按照我需要的方式……，在我需要之處」；工藝指的是：「經久且永不令人失望的合用、感覺、與優雅。」工程師們用這些標語來識別創新專案串，惠而浦稱這些創新專案串為「移動途徑」（migration paths），每條途徑指望沿著這四個層面之一來提高WTP。＜圖表 18-6 ＞中的矩形代表規畫好的創新專案。⑨

　　我覺得惠而浦的「移動途徑」特別值得注意的一點是，它們包含營運單位目前缺乏資源去做的專案。把這些專案放入途徑中，這是有助益的做法，因為這顯示為了更有效地提高顧客 WTP 而需要重新分配人才與資本的機會。

看到＜圖表 18-6 ＞中大箭頭代表的四條移動途徑，你可能會結論認為惠而浦決定在創新上競爭，但這印象是錯的，創新只是一項工具，該公司的策略是強化四項價值驅動因子。當時的惠而浦執行長大衛・惠特萬（David Whitwam）說：「我不知道我必須強調這個多少次，創新不是我們的策略，我們的策略是聚焦品牌的價值創造，……創新是這策略的一個重要賦能工具。」[10] 在執行移動途徑繪出的策略之下，KitchenAid 的業務顯著成長，並在執行聚焦品牌的價值創造策略的頭五年間，把產品價格提高超過 3%，在整個產業平均價格下滑 7.7% 之下，KitchenAid 的這個成就難能可貴。

塔特拉銀行則是用一張路線圖來呈現價值創造活動、職責、與績效之間的關係，該公司在所有辦事處及分行彰顯地展示這份路線圖（參見＜圖表 18-7 ＞）。[11] 執行長利戴解釋：「我們在我們稱之為『本行腳本』的文件中說明策略，這是很好的文件，但我們注意到，這個腳本中的情節和我們的四千名員工的職務說明——也就是他們的日常工作——之間沒有直接關連性。」塔特拉銀行使用路線圖來把銀行的日常活動與策略校準。

＜圖表 18-8 ＞是這路線圖中與大眾市場顧客相關的一節內容。「活動」代表幫助塔特拉銀行把價值驅動因子推往所欲方向的流程及方案，最上方那列是關鍵績效指標（KPIs），例如，2020 年時，塔特拉希望大眾市場顧客中至少有 57% 把塔特拉當成他們的主要往來銀行。標示數字的圓圈代表負責此活動、乃至於其績效的組織單位及人員，微笑或皺眉符號顯示組織在達成其目標方面表現得如何（參見＜圖表 18-7 ＞）。「我們每季檢討檢討所有活動，對皺眉指標進行很長的討論，為何這些沒有上軌道？」，利戴說：「若一項活動落後長達三季，我們就召集所有單位主管和地區領導人總計約 60 位經理人開會，深入探究，這些活動的負

圖表 18-7　塔特拉銀行的路線圖

責人說明問題，我們尋找解方。」利戴笑著補充：「這是大家都想避免的會議」，他稱讚路線圖這項工具為幾乎所有人提供策略感：「我最高興的一點是，在員工投入度調查中，近 90% 的塔特拉員工說他們了解這家銀行的策略，也知道他們該如何為此策略的執行做出貢獻。」

┃對員工的價值主張，企業求才利器

在 WTS 上的優勢的重要性不亞於對顧客的差異化價值主張的重要性，「這對我們而言是個過程」，利戴說：「我們當然知道我們有一個事

圖表 18-8　塔特拉銀行路線圖——把活動和KPIs關連起來

活動	業務強度	攻佔自營顧客	攻佔高所得顧客	攻取大眾市場顧客	成為顧客的主要銀行	客戶滿意度及留客率	創新形象最大化
有效處理銷售潛力	3 4 9 10 14			3 4 9 10 14	3 4 9 10 14	3 4 9 10 14	
有條理地管理主要銀行關係和增加使用創新					3 4 9 10 13	3 4 9 10 13	3 4 9 10 13
主動尋找及消除客戶不滿意的原因				8 9 10 11 13 15		8 9 10 11 13 15	
透過數位銷售和聊天機器人，提高營收占有率及自助式交易	3 4 5 7 8 9 10 13 14 16 19					3 4 5 7 8 9 10 13 14 16 19	3 4 5 7 8 9 10 13 14 16 19

3 數位經銷通路
4 行銷
5 人力資源
7 專案管理
8 流程管理
9 零售流程
10 經銷網絡及零售
11 營運
13 法務
14 零售信用風險管理
15 研發
16 資訊技術
19 採購

圖表 18-9　在斯洛伐克吸引銀行櫃員人才

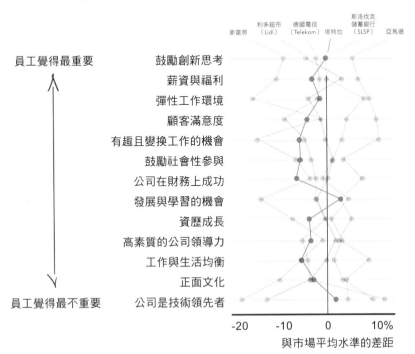

業策略，但我們花了好些時間才認知到，我們必須對顧客及員工採取相同觀點。我們進行密集的檢視分析，嘗試了解我們的員工重視什麼，他們如何在他們的工作中找到意義。」為了辨識及凸顯 WTS 中的差異性，你可以使用前文敘述的相同流程，＜圖表 18-9 ＞描述塔特拉銀行如何爭取那些可能考慮當銀行櫃員的人才。

在斯洛伐克，亞馬遜是這類群工作者的首選僱主，在工作者重視的所有考量——吸引人的工作環境（創意思考）、優渥的薪酬、彈性工作環境——中，亞馬遜都表現突出。反觀麥當勞則是表現不佳，它只在其中兩項價值驅動因子——顧客滿意度、公司的領導力素質——中得分超過市場平均水準,而且未在任何一個層面贏過其他公司。資料也顯示,塔特拉銀行在這類群人才市場上面臨艱難的競爭環境,該公司最有希望的機會是強調它鼓勵創新思考,並提供很好的學習與發展機會。

切記,WTS（或 WTP）的任何評量都是主觀性質,<圖表 18-9 >中的數值反映的是員工的觀點,這些數值可能吻合、也可能不吻合這六個競爭者彼此間的實際差異。不過,這些員工觀點很重要,因為它們左右員工找工作時的考慮。若你發現公司的人才池欠缺特定人才,而公司能夠提供富吸引力的工作,你可以仔細檢視人才漏斗,價值曲線能幫助你了解應徵者對於在公司工作的前景的看法。這分析的結果有助於研擬僱主品牌發展方案,為人才招募工作提供指引。

一個全方位的策略計畫應該包含分別針對顧客及人才的價值主張,若公司倚賴重要供應商,或是和重要互補品供給者密切合作,你也需要製作針對這些關係的價值圖。

把所有價值圖匯集起來,將指出許多創造價值的機會。由於從這些流程產生的每個行動方案都指向提高 WTP 或降低 WTS,組織內的活動就會保持密切校準,可避免無數行動方案把組織拉往不同方向的情形。

本章結論

　　價值圖是把策略從策略制定（你打算如何改變 WTP 及 WTS）階段推向策略執行（把提議的 WTP 及 WTS 改變化為實現的具體活動與方案）階段的一項有效工具，根據我的經驗，這工具提供幾個重要優點：

- **WTP 和 WTS 是摘要統計數字**。了解你的顧客的 WTP，能幫助你做出競爭行動及訂價決策，但是，這不會告訴你此評估的背後理由，你需要了解價值驅動因子，才能完成這幅圖的全貌。「若你公司的前景展望是平庸，那是很令人驚慌的事」，利戴說：「我們知道我們必須差異化，但我們需要知道如何差異化，價值圖是幫助我們航行在這複雜世界的一項理想工具。」

- **價值圖是資料導向**。我們傾向依賴自己的直覺和軼事來思考與理解顧客 WTP 及人才 WTS，但是，當我觀察公司做嚴謹的價值曲線分析時，總是會出現令人意外的結果——一項價值驅動因子其實不如一般以為的那麼重要，或者，某個層面有令人意外的表現水準。「這個方法是持續、以研究為基礎的」，智遊網的阿南德說：「你可以評量你的進展，由於它是資料為基礎，因此遠遠更詳細、更可靠。」[12]

- **使用價值圖作為放大鏡，檢視你的組織，這是一種完全以顧客、人才、及供應商為中心的方法**。切記，你的組織的表現有無意義，端視它如何影響這三個群體的觀點。

- **多數公司收集大量有關於顧客對它們的觀點以及員工投入度的資料，價值曲線分析鼓勵你也從顧客及人才的目光來檢視競爭情況**。「把你的所有競爭者繪在一起，這是相當有趣的事」，阿南德解釋：「很多時候，公司只研究自身，但是，價值曲線分析檢視你所屬的整個產業，這非常有幫助。」

- **價值驅動因子在以下兩者之間活動：相當抽象的 WTP 及 WTS 概念，以及你的現有產品與服務的特定屬性**。這有兩個好處，一方面，價值驅動因子夠具體，能夠對它們採取行動，把它們和營運模式及 KPIs 關連起來。另一方面，價值驅動因子並未詳細指明你將如何滿足一特定顧客的需求，它們幫助你探索滿足顧客的新方法。聚焦於價值驅動因子，你比較不會落入狹隘心態的陷阱，在事業成功和賣出更多現有產品與服務兩者之間畫上等號。

第六部

價值

第19章

把點連結起來

價值驅動因子、價格及成本如何互相影響？

為了達成優異績效，策略師使用兩支槓桿：願付價格（WTP）及願售價格（WTS）。在前面的章節中，我們討論了提高 WTP 或降低 WTS 的主要機制，也看到價值圖如何幫助我們辨識透過差異化來提高 WTP 或降低 WTS 的機會。聚焦於單一一支槓桿（亦即 WTP 或 WTS），有助於說明創造價值的機制。

但是，在實際作法中，策略行動不太可能只影響這兩支槓桿當中的一支。真實世界裡的多數策略行動影響價值槓的兩端，因此，在展開新的策略行動之前，你必須思考所有變化——WTP、價格、成本、WTS。由於這價值槓上的這四個元素經常相互關連，思考它們的可能變化更為重要。在最好的情況下，WTP 的提高將使 WTS 降低，形成策略師所說的「雙優勢」（dual advantages）。但是在其他情況之下，WTP 的提高將使 WTS 提高，降低供應商剩餘，迫使公司必須決定維護哪一方：顧客或是供應商。

本章探討不同的價值創造模式如何相互關連。為全面評估一特定的策略行動方案的後果，我們將考量所有價值驅動因子及它們的關連性。

我們首先來看一個實例：Tommy Hilfiger 進入調適型服裝市場的決定。

▎整合性策略思考：Tommy Hilfiger

「媽咪，我明天想穿牛仔褲去學校，我的朋友明天全都穿牛仔褲。」對大多數家長而言，這種要求算不了什麼困難，但對明蒂‧謝伊爾（Mindy Scheier）可就是個難題了，她的兒子奧立佛當時八歲，患有罕見的肌肉萎縮症。謝伊爾解釋：「我們很早就知道，穿衣服這種日常事務對他來說是很困難的事，他無法把鈕子扣好，他的腿部支架很難套進褲子裡。所以，我們決定讓他每天穿運動褲上學，因為這是他能夠安全地上廁所的唯一方法。」[①]當奧立佛提出穿牛仔褲上學的要求時，身為專業時裝設計師的謝伊爾作了一個深呼吸：「我看著他，說：『當然，你明天可以穿牛仔褲！』」

那晚，謝伊爾買了一件牛仔褲，拆掉拉鍊，剪開褲邊，縫上魔鬼氈條，好讓奧立佛的腿部支架能套進牛仔褲裡。「那就像做一件手工藝品，任何時裝設計師看到我所做的，都不會嚇到」，謝伊爾回憶：「但這經驗開啟我的眼睛，天天穿運動褲使奧立佛覺得他是個穿著上的殘障人，就連我這個時裝業從業者都完全忽視了他的服裝帶給他的感受，他沒有機會享受服裝可以帶給他的自信。」

自那晚起，謝伊爾肩負一個使命——為難以自己穿衣服的 4,000 萬人提供調適型服裝。[②]謝伊爾尤其對即將和 Tommy Hilfiger 美洲區執行長蓋瑞‧薛恩鮑姆（Gary Sheinbaum）會面的那天懷抱希望，為了說服薛恩鮑姆相信可以很容易地把衣服調整成符合殘障人士的需求，她購買 Tommy Hilfiger 全系列童裝的所有品項，每一品項買兩件。「當那天到來時，我把房間佈置成像仿製品展示間，一種事前與事後的安排」，她說：「我展示原件和修改後的版本，它們看起來一模一樣，但它們全都是可調整的，容易穿脫，它們的鈕子背後有磁鐵，這是遠遠更好的密合方法。」

薛恩鮑姆馬上就看出機會，謝伊爾回憶：「會面才五分鐘，蓋瑞就雙手拍上桌面，說：『我們做這個！我難以置信竟然沒人做過這個，這真是太棒了！』」謝伊爾很高興，也很意外：「Tommy Hilfiger 是第一個真正領悟的品牌，他們看到這商機，知道這是該做的正確之事。我和其他品牌的許多討論中，總是聽到類似這樣的說詞：『之前沒人做這個，必然有其原因。』」薛恩鮑姆解釋：「這對我們其實是一個很自然的事，Tommy Hilfiger 向來看重包容，我們樂意擁抱顧客的多樣性。」[3]

湯米席爾菲格和謝伊爾合作，於 2016 年推出殘障孩童服裝系列，翌年，該公司推出「湯米調適型系列」（Tommy Adaptive），其中包含成年殘障人士服裝，參見＜圖表 19-1 ＞。[4]

2020 年，Tommy Hilfiger 把「湯米調適型系列」擴展至其他地區，在日本、歐洲、澳洲等地供應此系列。調適型襯衫、連衣裙、褲子看起來跟正規版的 Tommy Hilfiger 服裝一模一樣，但調適型提供輕鬆容易的閉合（例如磁鐵鈕扣、單手拉鍊），為坐輪椅者優化的褲子（褲子前腰部分做得較低，以免坐著時布料隆起很難看的一坨，後腰臀部位無接縫，以消除壓力點），方便裝義肢者穿脫的服裝（邊緣有隱藏的磁鐵，方便裝有腿支架和矯正器的人），易於穿脫的服裝（開口在肩部或背部的連衣裙，單手就能拉動滑環以做出調整的褲子）。Tommy Hilfiger 在其網站上把調適型系列產品跟該品牌的正規系列產品並且列展示與銷售，捷步（Zappos）、梅西百貨（Macy's）、以及亞馬遜，全都在它們的線上商店供應湯米調適性系列產品。

Tommy Hilfiger 的團隊建立調適型系列服裝業務，展現我在許多成功的策略師身上見到的、值得敬佩的一種心態：他們高度聚焦於創造價值，對他們的目標顧客群有深切的同理心，擅長仔細徹底地思考在調適

圖表 19-1　湯米調適型系列服裝

型服裝市場上競爭的許多後果。＜圖表 19-2 ＞描繪湯米調適型系列如何創造和獲取價值。

WTP與價格

Tommy Hilfiger 的初期研究顯示，調適型系列將以三個方式提高WTP。殘障人士願意為功能性調整的服裝多支付 10% 價格，每個殘障顧客每年多花超過 500 美元於調適型服裝，光在美國，就創造了一個約 60 億美元的市場。Tommy Hilfiger 品牌及獨特風格進一步提高 WTP，2016 年的一張價值圖顯示，當時市面可得的調適型服裝欠缺一個著名品牌，提供的選擇有限，且社會知覺差（參見＜圖表 19-3 ＞）。一個焦點團體

圖表 19-2　Tommy Hilfiger正規系列 vs. 調適型系列

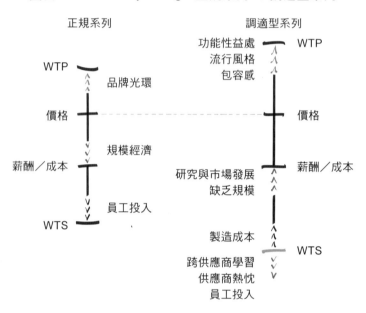

座談會的與會者解釋:「現在市面上的『調適型』側重可及性,高度強調醫療。」[5]洛杉磯服務殘障人士顧客的造型師史黛芬妮‧湯瑪斯(Stephanie Thomas)說:「令人不舒服的事實是,你能為寵物找到的時尚產品比你能為殘障人士找到的時尚產品還要多。」[6]

　　薛恩鮑姆和他的團隊得出結論,為具有競爭力,湯米調適型系列服裝必須在舒適與合身上媲美市面上的既有產品,但是,該公司可以藉由側重風格和社會知覺來贏過其競爭者,這兩個層面向來是 Tommy Hilfiger 品牌的優勢源。

　　該團隊發現,第三個價值驅動因子是尊重與包容感,Tommy Hilfiger 的執行副總珍妮‧迪昂諾弗里歐(Jeannine D'Onofrio)解釋:

圖表19-3 Tommy Hilfiger的競爭者的價值驅動因子及表現

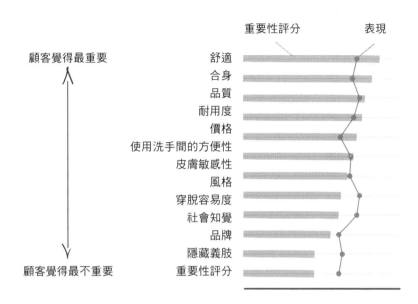

我們很快就發現這有多困難。就連在焦點團體座談會上，我們都非常害怕做錯，侮辱到某人。要是我問錯問題，我會不會冒犯他們呢？我想，這是其他大品牌沒有一個進入這市場的原因之一。還有一個感覺就是你不想讓這些顧客失望，他們在生活中已經遭遇那麼多挑戰了，公司不想讓這些人覺得被怠慢，乾脆不進入這個市場，比較安全。[7]

為了建立尊重和包容感，湯米席爾菲格做出一系列重要決策。其一，**湯米調適型系列服裝將不索取溢價**，迪昂諾弗里歐解釋：「我們必須很真誠地展現我們想服務這個社群，我們可擔不起讓人們覺得我們在佔他們便宜，例如，對他們從未擁有、但現在想要的服裝索取過高價格。Tommy Hilfiger 高層團隊也放棄初期的一個構想——為湯米調適型系列的顧客建立一個個別網站,他們決定把這系列放在此品牌的主網站(Tommy.com)上。在焦點團體座談會上,許多與會者敦促 Tommy Hilfiger 團隊別讓他們覺得被區別開來,一名與會者說:「我希望這些服裝被談論的方式相同於其他服裝被描述的方式」,另一名與會者補充:「就像一般服裝有高個子區,有嬌小型區,就告訴我們:『這是調適型區』,這樣就行了[8]。」

經過一年多的密集研究,以及對超過 1,500 名人士的深入訪談,薛恩鮑姆及其團隊創造出反映 WTP 的三個主要價值驅動因子的顧客旅程:有許多功能性調整的調適型服裝,全都是密切諮詢殘障人士的意見後得出的設計(<圖表 19-4 >中的 1-6 步);有時尚考量(第 8 和 9 步);有包容及歸屬感(10-14 步)。[9]

湯米調適型系列推出後,反響甚佳。「效果非常好」,薛恩鮑姆說:「推出後的第一季,Tommy.com 網站上銷售量前五名的款式中有兩款是這個系列,我們的童裝銷售量中有 20% 是調適型系列。」[10]

WTS 與成本

生產湯米調適型系列服裝的成本比正規 Tommy Hilfiger 服裝高出 20%,這增加的成本反映的是更多材料(例如,每個磁鐵的成本約 1 美元),以及為做出修改而多花的時間。Tommy Hilfiger 請供應商吸收額外的製造成本,迪昂諾弗里歐回憶:「我們初次向他們展示殘障人士穿著湯米調適型服裝的影片時,供應商的反應驚人,有些人熱淚盈眶,大家都問他們如何能幫上忙,我們說:『你們能幫上忙的地方就是對我們維持原先的收費』。」

供應商開始運作新流程,過程中遭遇許多挑戰,例如必須防止磁鐵吸附縫紉機,然後,供應商分享彼此的洞察。「通常,每個供應商在自

圖表 19-4　湯米調適型系列的顧客的歷程

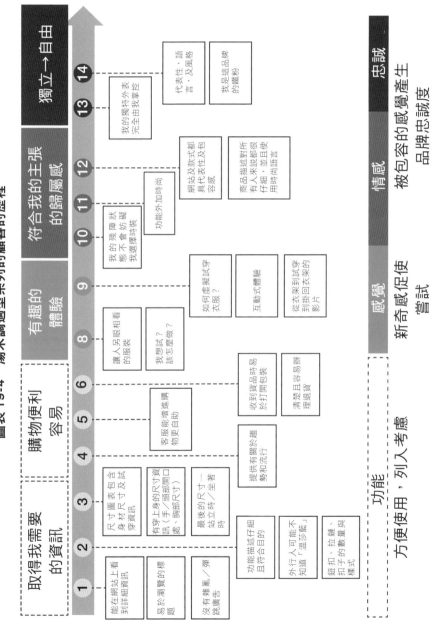

己的工廠有自己的提升效率方法」，迪昂諾弗里歐說：「但這一次，供應商展現不尋常的開放，願意分享它們的洞察，大家都希望湯米調適型系列成功。」雖然，增添的製造複雜性提高了供應商的 WTS，降低它們的利潤，但跨供應商學習以及為殘障人士做出貢獻的熱忱淡化了這個改變，降低 WTS，增進供應商剩餘。

　　調適型產品團隊也遭遇來自 Tommy Hilfiger 員工的相似熱忱，高級行銷總監莎拉‧霍頓（Sarah Horton）有許多例子：「有同仁問他們的經理：『我可以怎麼幫忙？』我們初次接洽我們的廣告團隊時，他們的工作已經滿檔，根本沒有時間，但他們去找他們的部門主管，請求接受這額外工作。太多團隊做類似這樣的事，真是太震驚我了。」[11] 迪昂諾弗里歐補充：「調適型產品業務感動組織裡的許多人，就拿我們的電話客服中心人員來說吧，大多數時候，他們聽到的是顧客抱怨，有些顧客大吼，有些顧客憤怒地掛電話，但調適型服裝的顧客不同，高達三分之一的顧客電話只是想說謝謝。」

外溢效應與獲取價值

　　湯米調適型系列不僅提高顧客 WTP，降低員工 WTS（可能也降低供應商 WTS），此系列也影響該品牌的主要業務，「無疑地，調適型產品線創造正面的外溢及光環效應」，薛恩鮑姆說：「調適型服裝的顧客中有大約 85% 是 Tommy Hilfiger 的新顧客，前來看調適型系列服裝的訪客中有 44% 也購買其他系列的產品。」[12] 湯米調適型產品團隊建立推出此系列產品的財務效果模型，預測調適型產品事業一旦達到規模化，其利潤將媲美正規系列產品的利潤。[13]

雙優勢

　　全面評估你的事業的所有價值驅動因子，將讓你看出它們彼此之間如何相互依賴。就湯米調適型系列而言，每一個優勢最終仰賴顧客愉悅，若該品牌對其目標顧客群不夠寬宏，員工投入度和供應商對此專案的熱忱將降低，顧客也將比較不可能購買調適型系列和正規系列產品。薛恩鮑姆及其團隊很清楚這些關連性，他解釋：「湯米調適型系列旨在為殘障孩童及成年人創造更好的生活，改善他們的生活鼓舞我們所做的每件事。」顧客愉悅和 WTS 的關連性為 Tommy Hilfiger 創造一個重要的取捨：為了維持高度的員工投入和供應商熱忱，該品牌不能進行更激進的訂價策略。

　　湯米調適型系列的雙優勢——更高的 WTP 和更低的 WTS，可能令一些策略師感到意外。許多策略師認為，同時提高 WTP 和降低 WTS 是很困難、甚至不可能做到的事，在他們看來，公司的資源與能力通常只能做到改善顧客愉悅或供應商剩餘，無法同時做到兩者。他們抱持的論點是，持續找到取悅顧客的新方法的組織心態與堅定降低成本及提高生產力的組織心態非常不同，在這些主管看來，若你試圖創造雙優勢，很可能最終落得兩頭空，卡在中間，左右為難。如同麥克・波特教授所言：「變成左右為難，通常是一家公司不願對如何競爭做出選擇所導致，公司試圖透過每種手段來創造競爭優勢，結果全部落空，因為創造不同類型的競爭優勢通常需要不同的、相互抵觸的行動。」[14]

　　但是，若價值驅動因子彼此間自然地關連，就不會發生波特教授所說的這種相互抵觸性。湯米調適型系列業務為一個弱勢顧客群創造優異的價值，員工很自然地對此專案展現熱情。我們在本書中一再看到這樣的關連性，奎斯特診斷公司為其電話客服中心員工創造更好的工作環境（WTS ↓），進而使電話客服品質改善（WTP ↑）。購物商場給蘋果公司優惠租金（WTS↓），因為該公司吸引大量購物者（WTP↑）。納拉亞納醫療集團的醫生施行許多手術，提高他們的生產力（WTS↓），改善品質（WTP↑）。當英特爾（以及其他成功的半導體公司如三星）提高製造良率（無瑕疵的晶圓比例）時，產品品質提升（WTP↑），成本降低（WTS↓）。[15] Zara百貨的快速時尚模式降低存貨（WTS↓），為顧客提供最新趨勢的剪裁和顏色（WTP↑）。[16] 前進保險公司（Progressive Corporation）的緊急救援車隊讓該公司能夠更好地照顧發生事故的顧客（WTP↑），減少欺詐及行政費用（WTS↓）。[17] 你是否喜歡挑選自己的班機座位，因此在線上報到？若是，這線上報到及選位的模式使身為顧客的你更愉悅（WTP↑），同時，你也幫助降低航空公司的人員成本（WTS↓）。

這些例子顯示出，雙優勢並非不尋常現象，我們常在員工滿意度和顧客體驗必然關連的服務業見到。為了建立雙優勢，你應該密切留意一組價值驅動因子連動另一組價值驅動因子的關連性，這些關連愈強，你的公司享有的整體優勢愈大。

▎展開討論

造訪公司時，我習慣詢問主管他們公司如何獲得目前水準的成功，我常發現，接待我的主管有非常不同的觀點。但是，在對成功原因沒有相同的了解之下，投資決策的指引和長期競爭優勢的取得將變得困難，甚至不可能。我在本書中倡導的價值導向策略很適合用以發展共同的績效觀，辨識提高報酬的機會。

在你的公司展開這個討論時，拿一張紙，繪出一支價值桿，詢問三個簡單問題：**我們用什麼行動來改變WTP？我們如何改變WTS？我們的價值驅動因子、價格及成本這三者之間有何關連性？**前面多個章節已經為你提供成功主持這討論的所有核心概念及考量，你可以期望從這個討論獲得以下益處：

- **辨識公司創造的價值**——大多數公司使用財務分析來判斷訴諸什麼行動方案，這些分析反映公司獲取價值的能力，但它們通常不會向你顯示創造的價值。舉例而言，檢視湯米調適型系列業務的財務模型，你將會看到公司的利潤和投資報酬，但試算表上很難看出顧客愉悅度、在殘障人士群體中的聲譽，可是，Tommy Hilfiger 在這個市場上享有的每一個優勢都是顧客愉悅度促成的。**若你在指引你的組織，卻不知道你的組織創造了什麼價值，你就是在盲目飛行。**

- **辨識價值驅動因子**——知道你的公司在 WTP 或 WTS 上具有優勢，固然是值得開心的事，但更重要的是了解這優勢來自何處。如同我們在第 18 章看到的，價值圖非常適用於辨識重要的價值驅動因子，不過，即使是第一次的閒談，也有助於校準你的團隊的方向。

- **看出關連性**——一些策略行動創造出雙優勢，許多其他的策略行動產生正負混合的效果。以決定建造 IBM 相容個人電腦的各家公司競爭地位為例，因為採行主流產業標準，這些公司受益於網路效應——提供它們的顧客大量的實用軟體，以及各種器材的廣泛相容性，使得它們的顧客的 WTP 提高。但是，在 IBM 相容個人電腦市場上競爭，也使這些電腦製造商曝險於兩個強大的供應商——英特爾及微軟，使得這些電腦製造商的成本上升。1990 年時，英特爾和微軟合計囊括產業總獲利的 51%，1995 年時囊括 72%，現在囊括 80%，僅留下稀薄獲利給其餘公司。[18] 在此例中，WTP 的提高導致更高成本，使得策略效果遠遠不如理想，這種情形可以在許多例子上看到。把點連結起來——看出你的價值驅動因子、價格、及成本之間的關連性（它們可能是正關連、負關連、或中性關連），這是評估一項策略行動的有利程度時很重要的一步。

- **協調投資與校準活動**——對於如何創造與獲取價值只有淺薄了解的公司，將被迫把它們的投資分散於許多領域及活動，因為誰也料不準，任何一項行動方案都可能讓公司轉危為安，錯過一種技術，可能毀了公司的未來成功。在這類型公司，指引投資和校準活動是極其困難的事，有些團隊為了提高 WTP 而做出的投資使得公司成本增加，有些團隊為了在成本上更具競爭力而損及產品品質。很快地，公司充滿相互抵觸的活動，左右為難，卻沒有一個明顯的競爭優勢。辨識你的公司如何創造與獲取價值，能夠幫助你把投資導向正確方向，協調各種活動，強化公司目前的競爭優勢。

本章結論

　　我希望本書行文至此，已經鼓勵你拿出紙筆，畫出價值桿，展開談討論。研究站在你這一邊，你有充足理由樂觀看待你的組織的潛力，以及改善績效的能力。在此同時，若討論初期，大家對於你公司的價值桿有不同看法，請別驚訝或沮喪，這種情形很常見，而且，說出這些不同觀點，其實很有助益。使用硬資料來確證一些猜測，收集重要例子，以向其他人凸顯觀點，致力於使大家對公司目前的成功及未來機會得出共同的了解，在這個努力的過程中，請懷抱信心，因為你是貢獻給公司的最高目的——為顧客、員工、供應商及股東創造價值。

為社會創造價值

為所有利害關係人
——顧客、員工、供應商、社區股東——著想

　　這是一個出乎大家意料之外的新聞。2019 年中，188 位美國最大公司的執行長與會的商業圓桌會議打破 20 年來擁護股東資本主義的傳統，這些執行長主張，「股東至上」的理念已經過時了，未來，企業必須為它們的所有利害關係人——顧客、員工、供應商、社區、以及股東——創造價值。會議主席、摩根大通銀行執行長傑米・戴蒙（Jamie Dimon）解釋：「新宗旨更正確反映我們的執行長及他們的公司實際營運情形，它將為企業領導樹立一個新規範。」[1]

　　不意外地，這聲明引發不同反應。福特基金會（Ford Foundation）主席達倫・沃克（Darren Walker）說：「這是個很棒的消息，因為二十一世紀的企業聚焦於為所有利害關係人創造長期價值，這比以往更為重要。」[2]前進保險公司執行長翠西雅・格里菲斯（Tricia Griffith）也贊同：「執行長們致力於為股東創造獲利及報酬，但經營得最好的公司做得更多，它們以顧客為優先，並且投資在員工和社區。」[3]但也有比較懷疑看待者，《華爾街日報》（_The Wall Street Journal_）專欄作家詹姆斯・麥金托許（James Mackintosh）預期，實際上並不會有什麼改變：「我們可以

預期一切如常：公司一方面大談它們信奉最新的企業作風，一方面仍然我行我素，股東報酬仍然是第一考量、第二考量、及第三考量。」④

　　執行長們究竟有多認真看待利害關係人資本主義呢？有一些令人鼓舞的跡象，例如，杜拉克研究所（Drucker Institute）指出，商業圓桌會議的執行長領導的公司在對利害關係人資本主義而言重要的許多層面上表現優於平均水準。⑤管理學者安尼希・拉古南丹（Aneesh Raghunandan）和西瓦・拉吉哥帕爾（Shiva Rajgopal）則是抱持比較懷疑的態度，他們指出，商業圓桌會議公司比相同於它們規模以及屬於相同產業的其他公司更可能違反勞動及環境法規。⑥

▍重視所有利害關係人的決策與行動清單

　　目前來判斷商業圓桌會議對於利害關係人資本主義的長期信奉程度，還嫌太早，而且我沒有一顆能夠準確預測的水晶球。不過我們可以辨識標竿行為，列出一份顯示企業董事會及執行長確實重視所有利害關係人福祉的決策與行動清單。價值導向策略特別有助於建立這項清單，因為架構提供精闢的價值定義，以及一個用來判斷如何分享價值的好方法。以下是我的期望清單：

1. **利害關係人導向的公司不會因為提高顧客的願付價格（WTP）而洋洋自得**——為顧客創造價值是企業的本質，提高 WTP 只不過是一種優良的管理實務，就連那些只聚焦於創造股東價值的公司也會尋求機會提高 WTP。*

---

* 我知道這是一個嚴格的期望。對一家利害關係人導向的公司而言，顧客愉悅有內在價值，因此，這公司將投資於 WTP，這是股東導向的公司不會做出的投資。由於許多這類投資仍然對利害關係人導向的公司的獲利力有貢獻，實務上將難以區分以下兩者：（a）純粹為了財務報酬而去提高 WTP，（b）同時為了股東和顧客著想而去提高 WTP。我想訂定這麼高的期望是因為不希望公司對它們的行動過於居功。

2. **利害關係人導向的公司不會因為降低員工及供應商的願售價格（WTS）而洋洋自得**——前述第一個論點適用於價值桿的下端。為員工及供應商創造價值，這是公司對其員工福祉以及對其供應商的獲利力做出貢獻的方式，但完全聚焦於財務報酬的公司也會做出多數的這類行動。

3. **利害關係人導向的公司將更大方於分享它們創造的價值**——獲利導向的公司將追求股東（公司業主）報酬最大化，反觀謀求均衡多群利害關係人利益的公司將對顧客、員工、及供應商更慷慨。＜圖表 20-1 ＞描繪這兩者的差異。

  為了吸引顧客、員工、及供應商，利害關係人導向的組織提供的價值（顧客愉悅、員工滿意度、供應商剩餘）必須起碼相同於追求利潤最大化的競爭對手提供的價值。＜圖表 20-1 ＞顯示這種情況，在價格 P 和成本 P 時，這家利害關係人導向的公司還未名

圖表 20-1　利害關係人導向的公司 vs. 競爭公司

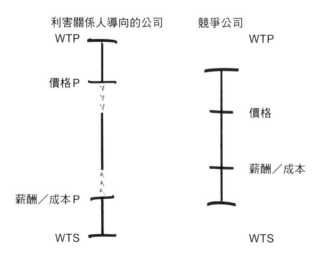

符其實，它向顧客及員工提供的價值水準是為了在市場上競爭所
需要的提供給他們的價值水準，額外的價值流向股東；換言之，
該公司是追求利潤最大化。若此公司的董事會和執行長認真追求
以新穎方式來均衡所有利害關係人的利益，他們會更慷慨對待顧
客（藉由索取較低價格）、員工（藉由提供更優渥的薪酬）、及供
應商（對供應商提供的中間產品與服務支付較高價格）。*

4. **利害關係人導向的公司將考量經濟活動的真實成本，它們將支
   持必要的調整價格政策** —— 若價格未反映真實的資源成本，那
   麼，價值桿就沒有正確描繪公司創造的價值。現今最重要的例子
   就是全球暖化，由於碳的價格未確實反映排放溫室效應氣體的成
   本，致使我們燃燒太多的化石燃料，導致對地球上的生命的嚴重
   傷害。利害關係人導向的組織將嘗試自行修正錯誤訂價（例如，
   為機票購買碳抵換），它們將支持修正價格的公共政策。不同於
   只聚焦股東報酬的公司（許多這種公司現在反對碳定價），利害
   關係人導向的公司不會遊說反對設計良好的碳稅。[7]

5. **利害關係人導向的公司將不會使用政治影響來軟化競爭** —— 競
   爭迫使公司與顧客及員工分享價值，為貿易保護及提高進入障礙
   的其他措施進行遊說的行為與遞送價值給所有利害關係人不一
   致，限制競爭是為股東（可能也為員工）增進財務報酬，但是卻
   犧牲顧客。

---

* 價格 P 和成本 P 已經反映第 19 章討論到的價值驅動因子之間的關連性，例如，一
家公司可能對其員工支付更優渥的薪酬，因為它了解到，滿意的員工將對顧客提供
更好的服務，因而提高顧客的 WTP，使公司能夠索取較高價格或贏得更多生意。
這純粹只是聰明的企業實務，不是聚焦於利害關係人。

使用價值的透鏡來檢視利害關係人資本主義，我認為兩個觀念尤其重要。第一，**即使一個企業的唯一目標是財務報酬最大化，這個企業仍然為其顧客、員工、及供應商創造可觀價值。**想想本書中提到的故事——百思買、蘋果、米其林、奎斯特、英特爾、Tommy Hilfiger 等等，每一個都證明企業有能力創造顯著的顧客愉悅度、員工滿意度、及供應商剩餘。**競爭最能確保公司為了照顧這些利害關係人而繼續創新。**

第二，當價格未能反映經濟活動的真實成本時，股東資本主義最不健康。那些運用政治影響力來保持價格扭曲和限制競爭的公司極成功地削弱了任何形式的資本主義（不論是股東資本主義或利害關係人資本主義）的正當性，雪上加霜的是，所得與財富的分配不均使企業領導人更有能力（及誘因）透過政治手段來破壞公平分配價值。[8] 後果不難看出，在已開發國家，現在有 50% 的人認為：「現今的資本主義對世界的傷害多過造福。」[9]

本章結論

　　我深信我們可以做得更好。**進步之鑰在於堅定地聚焦於創造價值，而非獲得價值。**所幸，這兩者之間並不衝突，我們一再看到，**財務成功將隨著價值創造而來。**[10] 在政策層級，這意味的是企業領導人必須密切注意前述第四及第五個標竿，**傷害市場將必然導致我們更貧窮、更分化！**不過，最重要的工作發生於公司內，不論你在組織內擔任什麼職務，不論你是獨自工作、或在團隊裡工作、或是領導一個大公司，我能懇求你絕對別厭煩去找方法提高 WTP 和降低 WTS 嗎？我能說服你相信你的角色既重要、且崇高嗎？全心全意地為他人創造價值，以大大小小的方式去改善他們的生活，有比這個還更棒、更有意義的人生嗎？

註釋

前言

1. 價值導向策略理論的開創性文章是：Adam M. Brandenburger and Harborne W. Stuart, " Value-based Business Strategy," *Journal of Economics & Management Strategy,* March 1996, 5(1): 5–24。以下這篇文章闡釋策略是合作性質及非合作性質行動的結合：Adam M. Brandenburger and Harborne W. Stuart, "Biform Games." *Management Science,* April 2007, 53(4):537–549。讀者若想閱讀一本觸及價值導向策略的許多層面的書籍，我推薦這本書：Adam M. Brandenburger and Barry J. Nalebuff, *Co-opetition* (New York: Doubleday, 1996)。

2. Frances Frei and Felix Oberholzer- Gee, "Better, Simpler Strategy," Boston: Harvard Business School, 2017, at https://secure.touchnet.net/C20832_ustores/web/classic/product_detail.jsp?PRODUCTID=41&SINGLESTORE=true.

第 1 章

1. Roger L. Martin, "The Big Lie of Strategic Planning," *Harvard Business Review,* January February 2014, https://hbr.org/2014/01/the-big-lie-of-strategic-planning.

2. Michael Porter, "What Is Strategy?" *Harvard Business Review,* November December 1996, https://hbr.org/1996/11/what-is-strategy.

3. Rose Hollister and Michael D. Watkins, "Too Many Projects," *Harvard Business Review,* September October 2018, https://hbr.org/2018/09/too-many-projects.

4. Jean-Michel Cousineau, Robert Lacroix, and Anne- Marie Girard, "Occupational Hazard and Wage Compensating Differentials," *Review of Economics and Statistics* 74, no. 1 (February 1992): 166 169. Jonathan M. Lee and Laura O. Taylor, "Randomized Safety Inspections and Risk Exposure on the Job: Quasi-experimental Estimates of the Value of a Statistical Life," *American Economic Journal: Economic Policy* 11, no. 4 (November 2019): 350 374.

5. Adam M. Brandenburger and Harborne W. Stuart, " Value-based Business Strategy," *Journal of Economics & Management Strategy* 5, no. 1 (March 1996): 5 24; Glenn MacDonald and Michael D. Ryall, "How Do Value Creation and Competition Determine Whether a Firm Appropriates Value?" *Management Science* 50, no. 10 (October 2004): 1319 1333; Adam M. Brandenburger and Harborne W. Stuart, "Biform Games," *Management Science* 53, no. 4 (April 2007): 537–549; and Stuart W. Harborne, Jr., "Value Gaps and Profitability," *Strategy Science* 1, no. 1 (March 2016): 56–70.

6. Roger L. Martin, "There Are Still Only Two Ways to Compete," *Harvard Business Review,* April 21, 2015, https://hbr.org/2015/04/there-are-still-only-two-ways-to-compete.

7. Morningstar, "Best Buy Co Inc: Morningstar Rating," http://financials. morningstar.com/ratios/

r.html?t=BBY.

8. Sharon McCollam, "Best Buy Earnings Call," Thomson Reuters Street Events, edited transcript, November 20, 2014.

9. Kinshuk Jerath and Z. John Zhang, "Store Within a Store," *Journal of Marketing Research* (August 2010): 748–763.

10. Susan Berfield and Matthew Boyle, "Best Buy Should Be Dead, But It's Thriving in the Age of Amazon," *Bloomberg Businessweek*, July 19, 2018, https://www.bloomberg.com/news/features/2018-07-19/best-buy-should-be-dead-but-it-s-thriving-in-the-age-of-amazon.

11. John R. Wells and Gabriel Ellsworth, "Reinventing Best Buy," Case 716-455 (Boston: Harvard Business School, 2018), 8, https://store.hbr.org/product/reinventing-best-buy/716455.

12. Hubert Joly, "Best Buy Earnings Call," Thomson Reuters Street Events, edited transcript, November 20, 2014.

13. Hubert Joly, "Best Buy Earnings Call." Thomson Reuters Street Events, edited transcript, November 19, 2013.

14. Bin Jiang and Timothy Koller, "A Long-Term Look at ROIC." *McKinsey Quarterly*, February 1, 2006, https://www.mckinsey.com/business-functions/strategy-and-corporate-finance/ our-insights/a-long-term- look-at-roic.

15. Hubert Joly, "Sanford C. Bernstein Strategic Decisions Conference," Thomson Reuters Street Events, edited transcript, May 29, 2013.

16. Joly, "Best Buy Earnings Call," November 20, 2014.

17. Berfield and Boyle, "Best Buy Should Be Dead, But It's Thriving in the Age of Amazon."

18. Paul Buchheit, "If Your Product Is Great, It Doesn't Need to Be Good," February 9, 2010, http://paulbuchheit.blogspot.com/2010/02/if-your-product-is-great-it-doesnt-need.html.

19. Ghassan Khoury and Steve Crabtree, "Are Businesses Worldwide Suffering From a Trust Crisis?" Gallup, February 6, 2019, https://www.gallup.com/work-place/246194/businesses-worldwide-suffering-trust-crisis.aspx.

20. Edelman, "Trust Barometer 2020," January 19, 2020, https://www.edelman.com/trustbarometer.

第 2 章

1. 投資資本報酬率（ROIC）公式：〔稅後營業淨利〕/〔權益帳面價值＋負債帳面價值現金〕。

2. 本圖表中的資料來自 Compustat，樣本包含 2009 年時在 S&P 500 指數籃裡、且接下來十年間仍然留在這指數籃裡的公司，計算每家公司每年的 ROIC，使用當期及後期投資資本總和的平均值做為分母。我把 ROIC 的標準差高於樣本標準差的第 95 百分位的那些公司剔除，＜圖表 2-1＞的分布圖反映 2009-2018 年間的公司平均值，把第 1 百分位數和第 99 百分位數的極端值予以溫塞化處理。

3. 加權平均資本成本（WACC）資料取自彭博社（Bloomberg）。

4. 資料取自 Worldscope，樣本是每個市場 2009 年時市值前五百大、且接下來十年間仍然位居前五百大的公司，ROIC 的計算方法相同於美國資料的計算方法，而且，相同於美國資料，我把 ROIC 的標準差高於樣本標準差的第 95 百分位的那些公司剔除。中國的資料排除在香港上市的公司。

5. Josie Novak and Sridhar Manyem, "Risk, Return, and Diversification Affect Cost of Capital Through the Cycle," *Financial Review,* May 22, 2019.

6. ＜圖表 2-4＞使用的資料來自 Compustat，資料包含 2009 年至 2018 年間所有公司至少七年的資料。產業定義使用明晟公司（MSCI）和標準普爾公司（Standard & Poor's）共同建立的全球產業分類標準（Global Industry Classification Standard），ROIC 的計算方式相同於＜圖表 2-1＞。

7. 為計算一個產業內的績效提升，我用 ROIC 的四分位距來整理所有產業，然後挑選居中位數的產業——食品及飲料業，其四分位距是 0.108。為計算各產業的績效差距，我檢視產業水準的中位數 ROIC 的分配，比較第 25 百分位（0.055）和第 75 百分位（0.089）。這些計算顯然會因為產業定義而有所不同，為檢驗穩健性，我把前述計算拿來相較於更細的產業分類（70 個產業）之下得出的計算結果。就這個樣本而言，產業內四分位距是 0.109，跨產業的中位數 ROIC 四分位距是 0.045。所以，至少就這兩個樣本而言，不同的產業定義並不會改變結論：產業內公司的績效差距遠大於跨產業的績效差距。

8. 若你不介意聽非常激動的配樂，你可以去觀看以下這部有趣的影片："Top 10 Most Valuable Companies in the World (1997 2019)," April 28, 2019, https://www.youtube.com/watch?v=8WVoJ6JNLO8。

9. Rita Gunther McGrath, "Transient Advantage," *Harvard Business Review* 91, no. 6 (June 2013): 62–70.

10. Gerry McNamara, Paul M. Vaaler, and Cynthia Devers, "Same As It Ever Was: The Search for Evidence of Increasing Hypercompetition," *Strategic Management Journal* 24, no. 3 (March 2003): 261–278.

第 3 章

1. Suzanne Kapner, "Apple Gets Sweet Deals from Mall Operators," *Wall Street Journal,* March 10, 2015, https://www.wsj.com/articles/apple-gets-sweet-deals-from-mall-operators-1426007804.

2. Grace Dobush, "Uber Joins Lyft in Giving Free Rides to the Polls on Election Day," *Fortune,* October 5, 2018, http://fortune.com/2018/10/05/uber-lyft-free-rides-polls-election-day.

第 4 章

1. AP, "It Took a Brilliant Marketing Campaign to Create the Best-Selling Drug of All Time," *Business Insider,* December 28, 2011, https://www.businessinsider.com/lipitor-the-best-selling-drug-in-the-history-of-pharmaceuticals-2011-12.

2. Chris Kohler, "Nintendo's New Games Sound Great, Just Don't Expect Them Anytime Soon," *WIRED,* June 10, 2014, https://www.wired.com/2014/06/nintendo-e3-direct/.

3. "How Super Mario Became a Global Cultural Icon," *Economist,* December 24, 2016, https://www.economist.com/christmas-specials/2016/12/24/how-super-mario-became-a-global-cultural-icon.

4. Deborah Arthurs, "Lady Gaga's Fragrance to Smell Like 'an Expensive Hooker' . . . And Will It Be Called Monster?" *Daily Mail,* November 18, 2011, https://www.dailymail.co.uk/femail/article-2063262/Lady-Gagas-monstrous-fragrance-smell-like-expensive-hooker.html.

5. Lisa Beilfuss, "The Fiduciary Rule Is Dead. What's an Investor to Do Now?" *Wall Street Journal,* September 9, 2018, https://www.wsj.com/articles/the-fiduciary-rule-is-dead-whats-an-investor-to-do-now-1536548266.

6. "John C. Bogle: A Look Back at the Life of Vanguard's Founder," Vanguard, January 16, 2019, https://about.vanguard.com/who-we-are/a-remarkable-history/founder-Jack-Bogle-tribute/.

7. Amy Whyte, "Passive Investing Rises Still Higher, Morningstar Says," *Institutional Investor,* May 21, 2018, https://www.institutionalinvestor.com/article/b189f 5r8g9xvhc/passive-investing-rises-still-higher,-morningstar-says.

8. Kathryn Zickuhr and Lee Rainie, " E-Reading Rises as Device Ownership Jumps," Pew Research Center, January 16, 2014, https://www.pewresearch.org /internet/2014/01/16/e-reading-rises-as-device-ownership-jumps/.

9. David B. Yoffie and Barbara Mack, "E Ink in 2005," Case 705-506 (Boston: Harvard Business School, March 2, 2006), https://store.hbr.org/product/e-ink-in-2005/705506.

10. "Why Sony's Reader Lost to Kindle, and How It Plans to Fight Back," *Business Insider,* August 24, 2009,

https://www.businessinsider.com /why-sonys-reader-failed-and-how-it-plans-to-fight-the-kindle-2009-8.

11. Pew Research Center, "What Kind of E-Reading Device Do You Own?" Statista, April 10, 2012, https://www.statista.com/stat ist ics/223101/e-reader-ownership-in-the-us-by-device-type/.

12. Michael Kozlowski, "The Evolution of the Sony E-Reader—in Pictures," Good e-Reader, June 15, 2014, https://goodereader.com/blog/electronic-readers/the-evolution-of-the-sony-e-reader-in-pictures.

13. Michael Kozlowski, "The Evolution of the Kindle E-Reader—in Pictures," Good e-Reader, May 11, 2014, https://goodereader.com/blog/electronic-readers/the-evolution-of-the-kindle-e-reader-in-pictures.

14. 相片由大胃王公司提供,本書取得使用許可。

15. Brenda Pike, "Big Belly Update," *Pragmatic Environmentalism* (blog), February 3, 2010, https://pragmaticenvironmentalism.wordpress.com/category/trash/.

16. Chris Herdt, "Big Belly Trash Cans and Usability," *Accidental Developer* (blog), July 29, 2012, https://osric.com/chris/accidental-developer/2012/07/big-belly-trash-cans-and-usability/.

17. Stu Bykofsky, "'BigBelly' High-Tech Trash Cans in Philly Didn't Work Out As Planned," *Government Technology,* June 26, 2017, http://www.govtech.com/fs/perspectives/BigBelly-High-Tech-Trash-Cans-in-Philly-Didnt-Work-Out-As-Planned.html.

18. 相片由大胃王公司提供,本書取得使用許可。

19. 布林和佩吉跟喬治‧貝爾會面的故事,參見:Steven Levy, *In the Plex: How Google Thinks, Works, and Shapes Our Lives* (New York: Simon and Schuster, 2011)。

20. Michael E. Porter, Mark R. Kramer, and Aldo Sesia, "Discovery Limited," Case 715-423 (Boston: Harvard Business School, August 30, 2018), https://store.hbr.org/product/discovery-limited/715423.

21. Adrian Gore, "How Discovery Keeps Innovating," *McKinsey Quarterly,* May 1, 2015, https://www.mckinsey.com/industries/healthcare-systems-and-services/our-insights/how-discovery-keeps-innovating#.

22. Victoria Ivashina and Esel Cekin, "Kaspi.kz IPO," Case 220-007 (Boston: Harvard Business School, October 3, 2019), https://store.hbr.org/product/kaspi-kz-ipo/220007.

23. John Koetsier, "Why Every Amazon Meeting Has at Least 1 Empty Chair," Inc., April 5, 2018, https://www.inc.com/john-koetsier/why-every-amazon-meeting-has-at-least-one-empty-chair.html.

24. Brad Stone, *The Everything Store: Jeff Bezos and the Age of Amazon* (New York: Little, Brown, 2013), 21 23.

25. Hiten Shah, "How Amazon Web Services (AWS) Achieved an $11.5B Run Rate by Working Backwards," *Hitenism* (blog), accessed November 17, 2020, https://hitenism.com/amazon-working-backwards/.

26. Leslie Hook, "Person of the Year: Amazon Web Services' Andy Jassy," *Financial Times,* March 17, 2016, https://www.ft.com/content/a515eb7a-d0ef-11e5-831d-09f 7778e7377.

27. Stone, *The Everything Store,* 221.

28. Ian McAllister, "What Is Amazon's Approach to Product Development and Product Management?" Quora, May 18, 2012, https://www.quora.com/What-is-Amazons-approach-to-product-development-and-product-management.

29. 相片取自 Wikimedia Commons。

30. Clayton M. Christensen, Thomas Craig, and Stuart Hart, "The Great Disruption," *Foreign Affairs,* March/April 2001, https://www.foreignaffairs.com/articles/united-states/2001-03-01/great-disruption.

31. Rachel Green and Gregory Magana, "Banking Briefing," Business Insider Intelligence, September 30, 2020, https://intelligence.businessinsider.com/post/nubank-reportedly-plans-to-launch-in-colombia.

32. Yuri Dantas, "Nubank's Culture: The Key to Keeping Customer Focus," Nubank, October 23, 2019, https://blog.nubank.com.br/nubanks-culture-the-key-to-keeping-customer-focus/.

第 5 章

1. Lloyd Vries, "eBay Expects Great Things of China," CBS News, April 13, 2004, https://www.cbsnews.com/news/ebay-expects-great-things-of-china/.
2. Felix Oberholzer-Gee and Julie Wulf, "Alibaba's Taobao (A)," Case 709-456 (Boston: Harvard Business School, January 6, 2009), https://store.hbr.org/product/alibaba-s-taobao-a/709456.
3. Oberholzer-Gee and Wulf, "Alibaba's Taobao (A)."
4. Exhibit from Vivek Agrawal, Guillaume de Gantès, and Peter Walker, "The Life Journey US: Winning in the Life-Insurance Market," McKinsey, March 1, 2014, https://www.mckinsey.com/industries/financial-services/our-insights/life-journey-winning-in-the-life-insurance-market. Copyright 2020 McKinsey & Company. All rights reserved. Reprinted by permission.
5. James Scanlon, Maggie Leyes, and Karen Terry, "2018 Insurance Barometer," LL Global Inc., https://www.gpagency.com/wp-content/uploads/2018-Insurance-Barometer-Study.pdf.
6. "Primary Reason for Digital Shoppers in the United States to Abandon Their Carts as of November 2018," Forter, January 18, 2019, https://www.statista.com/statistics/379508/primary-reason-for-digital-shoppers-to-abandon-carts.
7. Review of Haier HVFO60ABL 60-Bottle Wine Cellar, "It Vibrates," July 19, 2005, https://www.amazon.com/Haier-HVFO60ABL-60-Bottle-Cellar-Slide-Out/product-reviews/B00006LABQ.
8. Groupe EuroCave, "The French SME That Became World Leader," 2016, https://en.eurocave.com/img/cms/Presse2/CP/EN/EuroCave-Press-Kit-2016.pdf.
9. Lee Jussim et al., "Stereotype Accuracy: One of the Largest and Most Replicable Effects in All of Social Psychology," in *Handbook of Prejudice, Stereotyping, and Discrimination,* ed. Todd D. Nelson (New York: Psychology Press, 2015), chapter 2.
10. Patrick Spenner and Karen Freeman, "To Keep Your Customers, Keep It Simple," *Harvard Business Review,* May 2012, https://hbr.org/2012/05/to-keep-your-customers-keep-it-simple.

第 6 章

1. 米其林公司的故事，參見：Herbert R. Lottman, *The Michelin Men: Driving an Empire* (London: I.B.Tauris, 2003)。
2. Lottman, *The Michelin Men: Driving an Empire,* 24.
3. Gérard- Michel Thermeau, "André et Édouard Michelin: des patrons gonflés . . ." *Contrepoints,* September 11, 2016, https://www.contrepoints.org/2016/09/11/265324-andre-edouard-michelin-patrons-gonfles.
4. Revue du Sport Vélocipedique (Paris) 457, 458, June 10 and 17, 1892, reprinted in *Michelin Magazine* 584, June–July 1989 (Rubrique d'un siècle no 2).
5. Lottman, *The Michelin Men: Driving an Empire,* 45.
6. Alex Mayyasi, "Why Does a Tire Company Publish the Michelin Guide?" Priceonomics, June 23, 2016, https://priceonomics.com/why-does-a-tire-company-publish-the-michelin-guide/.
7. Bryce Gaton, "Can Non-Tesla Electric Cars Use Tesla EV Chargers?" Driven, April 3, 2019, https://thedriven.io/2019/04/03/can-non-tesla-electric-cars-use-tesla-ev-chargers.
8. C. A. Jegede, "Effects of Automated Teller Machine on the Performance of Nigerian Banks," *American Journal of Applied Mathematics and Statistics* 2, no. 1 (2014): 40 46.
9. Eriko Ishikawa, Christine Ribeiro, et al., "Being the Change: Inspiring the Next Generation of Inclusive Business Entrepreneurs Impacting the Base of the Pyramid," International Finance Corporation, 2012,

https://www.ifc.org/wps/wcm/connect/fa1c489b-7f4b-4527-a4f7-8957fcaa01b9/CIB+Inclusive+Business_Being_the_Change.pdf ?MOD=AJPERES&CVID=lKblc6v.

10. 本書作者和麥克‧鮑爾斯的私人通訊，2020 年 2 月 24 日。

11. Berkeley Lab, "Tracking the Sun," https://emp.lbl.gov/tracking-the-sun，安裝方面的資料公開可得。這一節的分析係根據柏克萊實驗室的資料集。

12. ＜圖表 6-2 ＞及＜圖表 6-3 ＞版權為加州大學董事會所有（2019 年），透過勞倫斯柏克萊國家實驗室（Lawrence Berkeley National Laboratory）取得，保留所有權利。

13. Goksin Kavlak, James McNerney, and Jessika E. Trancika, "Evaluating the Causes of Cost Reduction in Photovoltaic Modules," *Energy Policy*, December 2018, 700 710.

14. Elaine Ulrich, "Soft Costs 101: The Key to Achieving Cheaper Solar Energy," Office of Energy Efficiency & Renewable Energy, February 25, 2016, https://www.energy.gov/eere/articles/soft-costs-101-key-achieving-cheaper-solar-energy.

15. Barry Friedman, Kristen Ardani, David Feldman, Ryan Citron, and Robert Margolis, "Benchmarking Non-Hardware Balance-of-System (Soft) Costs for U.S. Photovoltaic Systems, Using a Bottom-Up Approach and Installer Survey," National Renewable Energy Laboratory, Technical Report NREL/TP- 6A20-60412, October 2013.

16. Alan Krueger, "The Economics of Real Superstars: The Market for Concerts in the Material World," *Journal of Labor Economics* 23, no. 1 (2005): 1–30.

17. Harley Brown, "Spotify's Secret Genius Songwriters Pen Letter to Daniel Ek Over CRB Rate Appeal: 'You Have Used Us,'" *Billboard,* April 9, 2019, https://www.billboard.com/articles/business/8506466/spotify-secret-genius-songwriters-letter-daniel-crb-rate-appeal.

18. "Spotify Announces Nominees for 2018 Secret Genius Awards," Spotify, August 22, 2018, https://newsroom.spotify.com/2018-08-22/spotify-announces-nominees-for-2018-secret-genius-awards/.

19. Oliver Gürtler, "On Pricing and Protection of Complementary Products," *Review of Management Science* 3 (2009): 209–223.

20. Ben Gilbert, "Despite the High Price, Microsoft Isn't Turning a Profit on the New Xbox," Business Insider, June 14, 2017, https://www.businessinsider.com/xbox-one-x-price-explanation-phil-spencer-e3-2017-6.

21. David Yoffie and Michael Slind, "Apple Inc. 2008," Case 708-480 (Boston: Harvard Business School, September 8, 2008), https://store.hbr.org/product/apple-inc-2008/708480.

22. 手機產業分析師豪雷斯‧德迪尤（Horace Dediu）慷慨分享有關於蘋果公司的服務事業的營收，他的精闢分析可在以下網址找到：http://www.asymco.com/author/asymco/。其他有關於服務事業的利潤的資訊，來自：Kulbinder Garcha（Philip Elmer DeWitt, "Credit Suisse: Wall Street Has Apple's Profit Margins All Wrong," *Philip Elmer DeWitt's Apple 3.0,* podcast, April 4, 2016, https://www.ped30.com/h2016/04/04/apple-services-margin-shocker/），以及蘋果公司的財報。

23. Chaim Gartenberg, "Spotify, Epic, Tile, Match, and More Are Rallying Developers Against Apple's App Store Policies," Verge, September 24, 2020, https://www.theverge.com/2020/9/24/21453745/spotify-epic-tile-match-coalition-for-app-fairness-apple-app-store-policies-protest.

24. Jon Mundy, "Samsung Galaxy S10 Vs iPhone XS: The Complete Verdict," Trusted Reviews, April 30, 2019, https://www.trustedreviews.com/news/samsung-galaxy-s10-vs-iphone-xs-3662621.

25. 更多的例子討論，參見：Orit Gadiesh and James L. Gilbert, "Profit Pools: A Fresh Look at Strategy," *Harvard Business Review,* May June 1998, https://hbr.org/1998/05/profit-pools-a-fresh-look-at-strategy。

第 7 章

1. John Jong-Hyun Kim and Rachna Tahilyani, "BYJU'S The Learning App," Case 317-048 (Boston: Harvard Business School, February 28, 2017), https://store.hbr.org/product/byju-s-the-learning-app/317048.

2. 面對 ASCAP 提高授權費，廣播電臺成立一個打對台的授權組織——廣播音樂公司（Broadcast Music, Inc.，簡稱 BMI），在抵制期間，隸屬 BMI 的歌曲可被電台播放。參見：Christopher H. Sterling and John Michael Kittross, *Stay Tuned: A History of American Broadcasting* (Abingdon, UK: Routledge, 2001).

3. "The Office of the Future," *Businessweek,* May 26, 2008.

4. 這些數字是美國消費的辦公紙張，參見：United States Environmental Protection Agency, *Advancing Sustainable Materials Management: Facts and Figures Report* (Washington D.C., July 2018), https://www.epa.gov/facts-and-figures-about-materials-waste-and-recycling/advancing-sustainable-materials-management。

5. Morgan O'Mara, "How Much Paper Is Used in One Day?" Record Nations, February 11, 2016, updated January 3, 2020, https://www.recordnations.com/2016/02/how-much-paper-is-used-in-one-day.

6. Gordon Kelly, "The Paperless Office: Why It Never Happened," ITProPortal, March 9, 2012, https://www.itproportal.com/2012/03/09/paperless-office-why-it-never-happened.

7. "Technological Comebacks: Not Dead, Just Resting," *Economist,* October 9, 2008, https://www.economist.com/leaders/2008/10/09/not-dead-just-resting.

8. Bernardo Bátiz-Lazo, "A Brief History of the ATM," *Atlantic,* March 26, 2015, https://www.theatlantic.com/technology/archive/2015/03/a-brief-history-of-the-atm/388547.

9. Ben Craig, "Where Have All the Tellers Gone?" Federal Reserve Bank of Cleveland, April 15, 1997, https://www.clevelandfed.org/en/newsroom-and-events/publications/economic-commentary/economic-commentary-archives/1997-economic-commentaries/ec-19970415-where-have-all-the-tellers-gone.aspx.

10. 吉姆・貝森（Jim Bessen）慷慨分享這資料，它改編自：James Bessen, *Learning by Doing: The Real Connection between Innovation, Wages, and Wealth* (New Haven: Yale University Press, April 2015)。

11. Kathleen Bolter, "What Bank Tellers Can Teach Us About How Automation Will Impact Jobs," Kentuckiana Works, April 3, 2019, https://www.kentuckianaworks.org/news/2019/4/3/what-bank-tellers-can-teach-us-about-how-automation-will-impact-jobs.

12. Amos Tversky and Daniel Kahneman, "Prospect Theory: An Analysis of Decision under Risk," *Econometrica* 47, no. 4 (1979): 263–291.

13. Matthew Gentzkow, "Valuing New Goods in a Model with Complementarity: Online Newspapers," *American Economic Review* 97, no. 3 (June 2007): 713 744.

14. 發行量資料來自："Newspapers Fact Sheet," Pew Research Center, July 9, 2019, https://www.journalism.org/fact-sheet/newspapers。2019 年和 2020 年的數值是從時間序列外推出來的，美國家戶數目來自美國商務部的美國普查：https://www.census.gov。其他國家的類似發行量資料可在以下文件取得："Sixty Years of Daily Newspaper Circulation Trends," Communications Management, May 6, 2011, http://media-cmi.com/downloads/Sixty_Years_ Daily_Newspaper_Circulation_Trends_050611.pdf。

15. Hasan Bakhshi and David Throsby, "Digital Complements or Substitutes? A Quasi-Field Experiment from the Royal National Theatre," *Journal of Cultural Economics* 38 (2014): 1 8.

第 8 章

1. Harvey Morris, "China's March to Be the World's First Cashless Society," *Straits Times,* April 8, 2019, https://www.straitstimes.com/asia/east-asia/chinas-march-to-be-the-worlds-first-cashless-society-

china-daily-contributor; and Data Center of China Internet, "Use of Mobile Value-Added Services by Mobile Internet Users in China in 2011," Statista, May 12, 2011, https://www.statista.com/stat ist ics/236293/use-of-mobile-value-added-services-by-mobile-internet-users-in-china.

2. Hiroshi Murayama, "In China, Cash Is No Longer King," *Nikkei Asia,* January 7, 2019, https://asia.nikkei.com/Business/Business-trends/In-China-cash-is-no-longer-king.

3. "Social Media Stats Worldwide," StatCounter, September 2020, https://gs.stat-counter.com/social-media-stats.

4. Audrey Schomer and Daniel Carnahan, "The Digital Trust Report 2020," *Business Insider,* September 24, 2020.

5. Laura Forman, "Facebook Stays Out of the Corner," *Wall Street Journal,* July 24, 2019, https://www.wsj.com/articles/facebook-stays-out-of-the-corner-11564006434; and Daniel Sparks, "6 Metrics Behind Facebook's 54 Percent Gain in 2019," Motley Fool, January 2, 2020, https://www.fool.com/investing/2020/01/02/6-metrics-behind-facebooks-54-gain-in-2019.aspx.

6. Michael Grothaus, "More Than 60 Percent of Americans Don't Trust Facebook with Their Personal Information," *Fast Company,* April 8, 2019, https://www.fastcompany.com/90331377/more-than-60-of-americans-dont-trust-facebook-with-their-personal-information.

7. Liron Hakim Bobrov, "Mobile Messaging App Map—February 2018," *Similar-Web* (blog), February 5, 2018, https://www.similarweb.com/blog/mobile-messaging-app-map-2018.

8. 共乘的時間價值的估計，取自：Estimates of the value of time in a ride-sharing context are provided by Nicholas Buchholz et al., "The Value of Time: Evidence from Auctioned Cab Rides," National Bureau of Economic Research Working Paper 27087, May 2020, https://www.nber.org/papers/w27087.

9. Charles Wolf and Bob Hiler, "Apple Computer," Credit Suisse First Boston Equity Research, January 7, 1997.

10. Mary Meeker and Gillian Munson, "Apple Computer (AAPL): Steve Brings in the Surgeons for the Board," Morgan Stanley Dean Witter, August 11, 1997.

11. 相片版權擁有者為彭博社，本書取得使用許可。

12. Steve Jobs, "Macworld Boston 1997—The Microsoft Deal," YouTube video, nd, https://www.youtube.com/watch?v=WxOp5mBY9IY.

13. David Yoffie and Renee Kim, "Apple Inc. in 2010," Case 710-467 (Boston: Harvard Business School, March 21, 2011), https://store.hbr.org/product/apple-inc-in-2010/710467.

14. John Markoff, "Why Apple Sees Next as a Match Made in Heaven," *New York Times,* December 23, 1996, https://www.nytimes.com/1996/12/23/business/why-apple-sees-next-as-a-match-made-in-heaven.html.

15. Wolf and Hiler, "Apple Computer."

16. Peter Burrows, "The Fall of an American Icon," Bloomberg, February 5, 1996, https://www.bloomberg.com/news/articles/1996-02-04/the-fall-of-an-american-icon.

17. Amber Israelson, "Transcript: Bill Gates and Steve Jobs at D5," All Things D, May 31, 2007, http://allthingsd.com/20070531/d5-gates-jobs-transcript.

18. "Mobile Operating Systems' Market Share Worldwide from January 2012 to July 2020," StatCounter, August 2020, https://gs.statcounter.com/os-market-share/mobile/worldwide/#monthly-201901-201912.

19. Adriana Neagu, "Figuring the Costs of Custom Mobile Business App Development," Formotus, June 23, 2017, https://www.formotus.com/blog/figuring-the-costs-of-custom-mobile-business-app-development.

20. Emil Protalinski, "Hey Microsoft, How Many Apps Are in the Windows Store?" *VentureBeat,* March 30, 2016, https://venturebeat.com/2016/03/30/hey-microsoft-how-many-apps-are-in-the-windows-store/.

21. Whitney Filloon, "The Quest to Topple OpenTable," *Eater,* September 24, 2018, https://www.eater.

com/2018/9/24/17883688/opentable-resy-online-reservations-app-danny-meyer.

22. Stephanie Resendes, "The Average Restaurant Profit Margin and How to Increase Yours," Upserve, September 23, 2020, https://upserve.com/restau-rant-insider/profit-margins/. 我的計算是假設每筆訂位索費 $50 美元。至於線上旅行社，可在以下文章中獲得大概數字："Everything You Ever Wanted to Know About Booking.com," DPO, November 26, 2018, https://blog.directpay.online/booking-com/，以及 Elliot Mest, "Hotel Profit Per Room Peaks in October," *Hotel Management,* December 9, 2018, https://www.hotelmanagement.net/operate/hotel-profit-per-room-peaks-october。

23. Filloon, "The Quest to Topple OpenTable."

24. Marco Iansiti and Karim R. Lakhani, "Managing Our Hub Economy," *Harvard Business Review,* September October 2017, https://hbr.org/2017/09/managing-our-hub-economy.

第 9 章

1. 參見以下文獻如何把這個論點應用於蘋果公司：Joel West, "The Fall of a Silicon Valley Icon: Was Apple Really Betamax Redux?" *Strategy in Transition,* ed. Richard A. Bettis (New York: John Wiley & Sons, 2009)。

2. Elizabeth Weise, "Amazon Launches Its Etsy Killer: Handmade at Amazon," *USA Today,* October 8, 2015, https://www.usatoday.com/story/tech/2015/10/08/amazon-etsy-handmade-marketplace-store/73527482/.

3. Catherine Clifford, "Amazon Launches a Maker Marketplace That Will Compete with Etsy," *Entrepreneur,* October 8, 2015, https://www.entrepreneur.com/article/251507.

4. Kaitlyn Tiffany, "Was Etsy Too Good to Be True?" *Vox,* September 4, 2019, https://www.vox.com/the-goods/2019/9/4/20841475/etsy-free-shipping-amazon-handmade-josh-silverman.

5. Lela Barker, "The Problem with Selling on Handmade at Amazon," *Lucky Break Consulting* (blog), 2016, https://www.luckybreakconsulting.com/the-problem-with-selling-on-handmade-at-amazon/.

6. Roni Jacobson, "How Etsy Dodged Destruction at the Hands of Amazon," *Wired,* October 7, 2016, https://www.wired.com/2016/10/how-etsy-dodged-destruction-at-the-hands-of-amazon/.

7. Jooyoung Kwaka, Yue Zhang, and Jiang Yu, "Legitimacy Building and E-commerce Platform Development in China: The Experience of Alibaba," *Technological Forecasting & Social Change* 139 (February 2019): 115 124.

8. 若賣家之間激烈競爭，平台之間的差異性就更容易持續，因為賣家偏好加入不同的平台。參見：Heiko Karle, Martin Peitz, and Markus Reisinger, "Segmentation Versus Agglomeration: Competition Between Platforms with Competitive Sellers," *Journal of Political Economy* 128, no. 6 (June 2020): 2329 2374。

9. "Top 15 Most Popular Dating Websites," eBizMBA, September 2019, http://www.ebizmba.com /articles/dating-websites.

10. Mikolaj Jan Piskorski, Hanna Halaburda, and Troy Smith, "eHarmony," Case 709-424 (Boston: Harvard Business School, July 2008), https://store.hbr.org/product/eharmony/709424.

11. 關於呈現這種策略的一個正式模型，參見：Hanna Halaburda, Miko aj Jan Piskorski, and Pınar Yıldırım, "Competing by Restricting Choice: The Case of Matching Platforms," *Management Science* 64, no. 8 (August 2018): 3574–3594。

12. Angela G., "I Love eHarmony," Sitejabber, August 23, 2015, https://www.sitejabber.com/reviews/eharmony.com.

13. Seth Fiegerman, "Friendster Founder Tells His Side of the Story, 10 Years after Facebook," *Mashable,* February 3, 2014, https://mashable.com/2014/02/03/jonathan-abrams-friendster-facebook/.

14. Sanghamitra Kar and Aditi Shrivastava, "ShareChat to Stay Focused on Users, Unique Content,"

Economic Times, February 25, 2020, https://economictimes.india-times.com/small-biz/startups/newsbuzz/sharechat-to-stay-focused-on-users-unique-content/articleshow/74201280.cms.

15. Manish Singh, " Twitter-Backed Indian Social Network ShareChat Raises $40 Million," TechCrunch, September 24, 2020, https://techcrunch.com/2020/09/24/indias-sharechat-raises-40-million-says-its-short-video-platform-moj-now-reaches-80-million-uses/.

16. Reid Hoffman and Chris Yeh, *Blitzscaling: The Lightning-Fast Path to Building Massively Valuable Companies* (New York: Currency, 2018).

第 10 章

1. Lorri Freifeld, "Training Top 125 Best Practice: BayCare Health System's Journey to Extraordinary," *Training Magazine,* January 15, 2019, https://trainingmag.com/training-top-125-best-practice-baycare-health-system%E2%80%99s-journey-extraordinary/.

2. Jonathan V. Hall and Alan B. Krueger, "An Analysis of the Labor Market for Uber's Driver-partners in the United States," ILR Review 71, no. 3 (May 2018): 705 732.

3. Claudio Fernández-Aráoz, *It's Not the How or the What But the Who: Succeed by Surrounding Yourself with the Best* (Boston: Harvard Business Review Press, 2014); and Michael Mankins, Alan Bird, and James Root, "Making Star Teams Out of Star Players," *Harvard Business Review,* January February 2013, https://hbr.org/2013/01/making-star-teams-out-of-star-players.

4. Thomas Straubhaar, "Hier macht die Deutsche Bahn einmal alles richtig," *Welt,* December 18, 2018, https://www.welt.de/wirtschaft/article185696420/Arbeitsvertraege-Beschaeftigte-sollten-zwischen-Geld-und-Freizeit-waehlen-koennen.html; and DPA, "Geld oder Freizeit? Bahn-Mitarbeiter wählten mehr Urlaub," *Focus,* October 8, 2018, https://www.focus.de/finanzen/boerse/wirtschaftsticker/unternehmen-geld-oder-freizeit-bahn-mitarbeiter-waehlten-mehr-urlaub_id_9723268.html.

5. Russell Smyth, Qingguo Zhai, and Xiaoxu Li, "Determinants of Turnover Intentions among Chinese Off Farm Migrants," *Economic Change and Restructuring* 42, no. 3 (2009): 189 209.

6. 這節內容以兩個優異的案例研究為基礎：Zeynep Ton, Cate Reavis, and Sarah Kalloch, "Quest Diagnostics (A): Improving Performance at the Call Centers," Case 17-177 (Cambridge, MA: MIT Sloan School of Management, May 9, 2017); 以及 Zeynep Ton and Cate Reavis, "Quest Diagnostics (B): Transformation at the Call Centers," Case 17-178 (Cambridge, MA: MIT Sloan School of Management, May 9, 2017)。

7. 更多例子參見：Zeynep Ton, *The Good Jobs Strategy: How the Smartest Companies Invest in Employees to Lower Costs and Boost Profits* (San Francisco: New Harvest, 2014)。

8. Ton and Reavis, "Quest Diagnostics (B): Transformation at the Call Centers," 3.

9. Ton and Reavis, "Quest Diagnostics (B): Transformation at the Call Centers," 3.

10. Ton and Reavis, "Quest Diagnostics (B): Transformation at the Call Centers," 5.

11. Ton and Reavis, "Quest Diagnostics (B): Transformation at the Call Centers," 8.

12. Ton and Reavis, "Quest Diagnostics (B): Transformation at the Call Centers," 7.

13. 本書作者和潔妮普‧湯恩的私人通訊，2020 年 4 月 28 日。

14. Ton and Reavis, "Quest Diagnostics (B): Transformation at the Call Centers," 11.

15. Saravanan Kesavan, Susan J. Lambert, and Joan C. Williams, "Less Is More: Improving Store Performance by Reducing Labor Flexibility at the Gap, Inc.," working paper, Kenan-Flagler Business School, University of North Carolina at Chapel Hill, November 21, 2019.

16. Joan C. Williams et al., "Stable Scheduling Increases Productivity and Sales," University of California, Hastings College of the Law, nd, https://worklifelaw.org/projects/stable-scheduling-study/report/.

17. Kesavan et al., "Less Is More: Improving Store Performance by Reducing Labor Flexibility at the Gap,

Inc."

18. Kesavan et al., "Less Is More: Improving Store Performance by Reducing Labor Flexibility at the Gap, Inc."

19. Joan C. Williams et al., "Stable Scheduling Study: Health Outcomes Report," University of California, Hastings College of the Law, nd, https://worklifelaw.org/projects/stable-scheduling-study/stable-scheduling-health-outcomes/.

20. Adapted from Matthew Dey and Jay Stewart, "How Persistent Are Establishment Wage Differentials?" US Bureau of Labor Statistics Working Paper, October 2016.

21. Rafael Lopes de Melo, "Firm Wage Differentials and Labor Market Sorting: Reconciling Theory and Evidence," *Journal of Political Economy* 126, no. 1 (2018): 313 346. 這篇論文中的＜表 1 ＞提供先前研究的摘要。

22. Hayley Peterson, "Bernie Sanders Accuses Walmart of Paying 'Starvation Wages,' Attacks the CEO's Pay, and Praises Amazon," *Business Insider,* June 5, 2019, https://www.businessinsider.com/walmart-shareholders-bernie-sanders-wages-amazon-2019-6?r=US&IR=T.

23. Owl Labs, "State of Remote Work 2019," September 2019, https://www.owl-labs.com/state-of-remote-work/2019.

24. Peter Cappelli, "Why Do Employers Pay for College?" National Bureau of Economic Research Working Paper 9225, September 2002, https://www.nber.org/papers/w9225.

25. Google Employees Against Dragonfly, "We Are Google Employees. Google Must Drop Dragonfly," Medium, November 27, 2018, https://medium.com/@googlersagainstdragonfly/we-are-google-employees-google-must-drop-dragonfly-4c8a30c5e5eb.

第 11 章

1. Jeremy Reynolds and Ashleigh Elain McKinzie, "Riding the Waves of Work and Life: Explaining Long-Term Experiences with Work Hour Mismatches," *Social Forces* 98, no. 1 (September 2019): 427–460.

2. 我強調彈性的價值，但有更多的條件必須吻合，零工工作者才能生存繁榮。參見：Gianpiero Petriglieri, Susan J. Ashford, and Amy Wrzesniewski, "Thriving in the Gig Economy," *Harvard Business Review,* March April 2018, https://hbr.org/2018/03/thriving-in-the-gig-economy。

3. Diana Farrell and Fiona Greig, "Paychecks, Paydays, and the Online Platform Economy: Big Data on Income Volatility," JPMorgan Chase Institute, February 2016, https://www.jpmorganchase.com/corporate/institute/document/jpmc-institute-volatility-2-report.pdf; and Harry Campbell, "The Rideshare Guy 2018 Reader Survey," Rideshare Guy, nd, https://docs.google.com/document/d/1g8pz00OnCb2mFj_97548nJAj4HfIuExUEgVb45HwDrE/edit.

4. M. Keith Chen, Peter E. Rossi, Judith A. Chevalier, and Emily Oehlsen, "The Value of Flexible Work: Evidence from Uber Drivers," *Journal of Political Economy* 127, no. 6 (2019): 2735 2794.

5. From Chen, Rossi, Chevalier, and Oehlsen, "The Value of Flexible Work: Evidence from Uber Drivers."

6. Chen et al., "The Value of Flexible Work: Evidence from Uber Drivers."

7. Annie Dean and Anna Auerbach, "96% of U.S. Professionals Say They Need Flexibility, but Only 47% Have It," *Harvard Business Review,* June 5, 2018, https://hbr.org/2018/06/96-of-u-s-professionals-say-they-need-flexibility-but-only-47-have-it; and Cathy Benko and Anne Weisberg, "Mass Career Customization: Building the Corporate Lattice Organization," Deloitte Insights, August 1, 2008, https://www2.deloitte.com/us/en/insights/deloitte-review/issue-3/mass-career-customization-building-the-corporate-lattice-organization.html.

8. "Modern Workplace Report 2019," Condeco, July 24, 2019, https://www.con-decosoftware.com/

resources-hub/resource/modern-workplace-research-2019-20/.

9. Dean and Auerbach, "96% of U.S. Professionals Say They Need Flexibility, but Only 47% Have It."

10. Alison Wynn and Aliya Hamid Rao, "The Stigma That Keeps Consultants from Using Flex Time," *Harvard Business Review,* May 2, 2019, https://hbr.org/2019/05/the-stigma-that-keeps-consultants-from-using-flex-time.

11. Mary Blair-Loy and Amy S. Wharton, "Employees' Use of Work-Family Policies and the Workplace Social Context," *Social Forces* 80, no. 3 (March 2002): 813 845.

12. David Burkus, "Everyone Likes Flex Time, but We Punish Women Who Use It," *Harvard Business Review*, February 20, 2017, https://hbr.org/2017/02/everyone-likes-flex-time-but-we-punish-women-who-use-it.

13. Blair-Loy and Wharton, "Employees' Use of Work-Family Policies and the Workplace Social Context"; and Christin L. Munsch, Cecilia L. Ridgeway, and Joan C. Williams, "Pluralistic Ignorance and the Flexibility Bias: Understanding and Mitigating Flextime and Flexplace Bias at Work," *Work and Occupations* 41, no. 1 (February 2014): 40 62.

14. Munsch et al., "Pluralistic Ignorance and the Flexibility Bias: Understanding and Mitigating Flextime and Flexplace Bias at Work."

15. Joy Burnford, "Flexible Working: Moneysupermarket Group Strives To 'Be Brilliant Together,'" *Forbes,* May 22, 2019, https://www.forbes.com/sites/joyburnford/2019/05/22/flexible-working-moneysupermarket-group-strives-to-be-brilliant-together/#4bf047ee4495.

16. Fbalestra, "FOOD52 Makes Every Food Enthusiast Feel Like Emeril," October 31, 2015, https://digital.hbs.edu/platform-digit/submission/food52-makes-every-food-enthusiast-feel-like-emeril/.

17. 圖片取自 Wikimedia Commons。

18. Innocentive, "Open Innovation for All: The General Fusion Experience." September 2019, https://www.innocentive.com/wp-content/uploads/2019/09/General-Fusion-Open-Innovation-2.1.pdf.

19. 意諾新舉辦了 2,000 項挑戰競賽，收到 162,000 個解決方案提案，總計頒發了 2,000 萬美元獎金。參見該平台的統計數字：https://www.innocentive.com/about-us/。

20. Daniel P. Gross, "Performance Feedback in Competitive Product Development," *RAND Journal of Economics* 48, no. 2 (Summer 2017): 438 466.

21. ＜圖表 11-5 ＞取得以下版權授權：Copyright 2017, The RAND Corporation, John Wiley and Sons. All rights reserved。

22. Cody Cook, Rebecca Diamond, Jonathan Hall, John List, and Paul Oyer, "The Gender Earnings Gap in the Gig Economy: Evidence from Over a Million Rideshare Drivers," Stanford University Working Paper, March 8, 2019, https://codyfcook.github.io/papers/uberpaygap.pdf .

23. Lydia Polgreen, "Introducing Huff Post Opinion and Huff Post Personal," HuffPost, January 18, 2018, https://www.huffpost.com/entry/huffpost-opinion-huffpost-personal_n_5a5f6a29e4b096ecfca98edb.

24. Randall Lane, "Why Forbes Is Investing Big Money in Its Contributor Network," *Forbes,* February 14, 2018, https://www.forbes.com/sites/randalllane/2018/02/14/why-forbes-is-investing-big-money-in-its-contributor-network/#28a623c12a3e.

25. Max Willens, "RIP Contributor Networks as a Publishing Shortcut to Scale," Digiday, March 3, 2017, https://digiday.com/media/rip-contributor-networks/.

26. 約 1% 的美國勞動力目前從事數位平台仲介的零工工作，但靈活工作安排仍然遠遠更普遍，參見：Eileen Appelbaum, Arne Kalleberg, and Hye Jin Rho, "Nonstandard Work Arrangements and Older Americans, 2005–2017," Center for Economic and Policy Research, Economic Policy Institute, February 28, 2019, https://www.epi.org/publication/ nonstandard-work-arrangements-and-older-americans-2005-2017/。

第 12 章

1. Michael Verfürden, "VW verklagt Zulieferer Prevent wegen Lieferstopps," *Handelsblatt,* January 7, 2020, https://www.handelsblatt.com/unternehmen/industrie/millionenschaden-vw-verklagt-zulieferer-prevent-wegen-lieferstopps/25395032.html?ticket=ST-1779675-9cZChhEd2UyQ75kcAXol-ap2; and Geoffrey Smith, "VW's Battle with Contractors Gets Unusually Messy," *Fortune,* August 22, 2016, https://fortune.com/2016/08/22/vw-supplier-dispute-production/.

2. "Amazon Cash Conversion Cycle," Marketplace Pulse, 2020, https://www.marketplacepulse.com/stats/amazon/amazon-cash-conversion-cycle-96.

3. Paul B. Ellickson, Pianpian Kong, and Mitchell J. Lovett, "Private Labels and Retailer Profitability: Bilateral Bargaining in the Grocery Channel," Simon Business School, University of Rochester, Working Paper, August 21, 2018, http://paulellickson.com/RetailBargaining.pdf; and Fiona Scott Morton and Florian Zettelmeyer, "The Strategic Positioning of Store Brands in Retailer–Manufacturer Negotiations," *Review of Industrial Organization* 24 (2004): 161–194.

4. 這個論點翻轉尋常邏輯，尋常邏輯強調讓買方更輕鬆，更易於購買。參見：Eric Almquist, Jamie Cleghorn, and Lori Sherer, "The B2B Elements of Value," *Harvard Business Review,* March April 2018, https://hbr.org/2018/03/the-b2b-elements-of-value。

5. Scott Duke Kominers, Masahiro Kotosaka, Nobuo Sato, and Akiko Kanno, "Raksul," Case 819-115 (Boston: Harvard Business School, April 1, 2019), https://store.hbr.org/product/raksul/819115.

6. Greg Distelhorst, Jens Hainmueller, and Richard M. Locke, "Does Lean Improve Labor Standards? Management and Social Performance in the Nike Supply Chain," *Management Science* (March 2017): 707 728.

7. 成功的管理方法推廣緩慢，這並非不尋常之事，參見：Nicholas Bloom and John Van Reenen, "Measuring and Explaining Management Practices across Firms and Countries," *Quarterly Journal of Economics* 122, no. 4 (2007): 1351–1408。

8. Nien-hê Hsieh, Michael W. Toffel, and Olivia Hull, "Global Sourcing at Nike," Case 619-008 (Boston: Harvard Business School, June 11, 2019), https://store.hbr.org/product/global-sourcing-at-nike/619008.

9. Distelhorst et al., "Does Lean Improve Labor Standards? Management and Social Performance in the Nike Supply Chain."

10. Hsieh et al., "Global Sourcing at Nike."

11. Niklas Lollo and Dara O'Rourke, "Productivity, Profits, and Pay: A Field Experiment Analyzing the Impacts of Compensation Systems in an Apparel Factory," Institute for Research on Labor and Employment Working Paper 104-18, December 2018, http://irle.berkeley.edu/files/2018/12/Productivity-Profits-and-Pay.pdf.

12. Daniel Vaughan-Whitehead, "How 'Fair' Are Wage Practices along the Supply Chain? A Global Assessment," in *Towards Better Work: Understanding Labour in Apparel Global Value Chains,* ed. Arianna Rossi, Amy Luinstra, and John Pickles (Basingstoke, UK: Palgrave Macmillan, 2014), 68–102.

13. 資料取自：Niklas Lollo and Dara O'Rourke, "Productivity, Profits, and Pay: A Field Experiment Analyzing the Impacts of Compensation Systems in an Apparel Factory," Institute for Research on Labor and Employment Working Paper 104-18, December 2018, http://irle.berkeley.edu/files/2018/12/Productivity-Profits-and-Pay.pdf。

14. 例如，來自哥斯大黎加的詳細證據，參見：Alonso Alfaro-Urena, Isabela Manelici, and Jose P. Vasquez, "The Eff ects of Joining Multinational Supply Chains: New Evidence from Firm-to-Firm Linkages," UC Berkeley Working Paper, April 2019, https://manelici-vasquez.github.io/coauthored/Effects_of_Joining_MNC_Supply_Chains_body.pdf。

15. Alvaro Garcia-Marin and Nico Voigtländer, "Exporting and Plant-Level Efficiency Gains: It's in the

Measure," *Journal of Political Economy* 127, no. 4 (2019): 1777   1825.

16. Isaac Elking, John-Patrick Paraskevas, Curtis Grimm, Thomas Corsi, and Adams Steven, "Financial Dependence, Lean Inventory Strategy, and Firm Performance," *Journal of Supply Chain Management* 53, no. 2 (2017): 22   38.

17. Florian Badorf, Stephan M. Wagner, Kai Hoberg, and Felix Papier, "How Supplier Economies of Scale Drive Supplier Selection Decisions," *Journal of Supply Chain Management* 55, no. 3 (July 2019): 45   67.

18. Jiri Chod, Nikolaos Trichakis, and Gerry Tsoukalas, "Supplier Diversification Under Buyer Risk," *Management Science* 65, no. 7 (2019): 3150   3173.

19. Krishna Palepu, Bharat Anand, and Rachna Tahilyani, "Tata Nao—The People's Car," Case 710-420 (Boston: Harvard Business School, March 28, 2011), https://store.hbr.org/product/tata-nano-the-people-s-car/710420.

20. Nandini Sen Gupta and Sumit Chaturvedi, "Big Auto Warms Up to Nano for Takeaways," *Economic Times,* September 1, 2009, https://economictimes.indiatimes.com/big-auto-warms-up-to-nano-for-takeaways/articleshow/4957038.cms.

21. Susan K. Lacefield, "Dell Finds Gold in Parts Returns," *DC Velocity,* November 23, 2009,https://www.dcvelocity.com /articles/20091201 _del l _ finds_gold_in_returns/.

22. Kate Vitasek, Karl Manrodt, Jeanne Kling, and William DiBenedetto, "How Dell and FedEx Supply Chain Reinvented Their Relationship to Achieve Record-Setting Results," Vested for Success Case Study, Haslam College of Business, University of Tennessee, nd, https://www.vestedway.com/wp-content/uploads/2018/07/Dell-FSC-long-teaching-case-June-26-2018-PDF.pdf.

23. David Frydlinger, Oliver Hart, and Kate Vitasek, "A New Approach to Contracts," *Harvard Business Review,* September   October 2019.

24. Felix Oberholzer-Gee and Victor Calanog, "The Speed of New Ideas: Trust, Institutions and the Diffusion of New Products," Harvard Business School Working Knowledge, May 22, 2007, https://hbswk.hbs.edu/item/the-speed-of-new-ideas-trust-institutions-and-the-diffusion-of-new-products.

第 13 章

1. Chad Syverson, "What Determines Productivity?" *Journal of Economic Literature* 49, no. 2 (2011): 326   365.

2. Chang-Tai Hsieh and Peter J. Klenow, "Misallocation and Manufacturing TFP in China and India," *Quarterly Journal of Economics* 124, no. 4 (2009): 1403–1448.

3. Lucia Foster, John Haltiwanger, and Chad Syverson, "Reallocation, Firm Turnover, and Efficiency: Selection on Productivity or Profitability?" *American Economic Review* 98, no. 1 (2008): 394–425.

4. "Chart Book: The Legacy of the Great Recession," Center on Budget and Policy Priorities, June 6, 2019, https://www.cbpp.org/research/economy/chart- book-the-legacy-of-the-great-recession.

5. "Bailout Recipients," ProPublica, January 31, 2020, updated periodically, https://projects.propublica.org/bailout/list. 關於這場金融危機的大事紀，參見："Federal Reserve Bank of St. Louis' Financial Crisis Timeline," Federal Reserve Bank of St. Louis, https://fraser.stlouisfed.org/timeline/financial-crisis#54。

6. Congressional Oversight Panel, "March Oversight Report," March 16, 2001, https://www.gpo.gov/fdsys/pkg/CHRG-112shrg64832/pdf/CHRG-112shrg64832.pdf.

7. Dealbook, "Greenspan Calls to Break Up Banks 'Too Big to Fail,'" *New York Times,* October 15, 2009, https://dealbook.nytimes.com/2009/10/15/greenspan-break-up-banks-too-big-to-fail/.

8. 銀行規模及資本品質影響銀行的系統性風險大小，參見：Luc Laeven, Lev Ratnovski, and Hui Tong, "Bank Size, Capital, and Systemic Risk: Some International Evidence," *Journal of Banking & Finance* 69, no. 1

(August 2016): S25 S34。

9. Dong Beom Choi, Fernando M. Duarte, Thomas M. Eisenbach, and James Vickery, "Ten Years after the Crisis, Is the Banking System Safer?" Federal Reserve Bank of New York, November 14, 2018, https://libertystreeteconomics.newyorkfed.org/2018/11/ten-years-after-the-crisis-is-the-banking-system-safer.html.

10. 這些是 2006 年和 2019 年的資料，來自 WorldScope。

11. 這些估計取自：David C. Wheelock and Paul W. Wilson, "The Evolution of Scale Economies in US Banking," *Journal of Applied Econometrics* 33 (2018): 16 28，以及：Elena Beccalli, Mario Anolli, and Giuliana Borello, "Are European Banks Too Big? Evidence on Economies of Scale," *Journal of Banking & Finance* 58 (2005): 232–246。

12. Computer Economics, "IT Spending As a Percentage of Company Revenue Worldwide as of 2019, by Industry Sector," February 2019, https://www.statista.com/statistics/1017037/worldwide-spend-on-it-as-share-of-revenue-by-industry/.

13. David B. Yoffie and Renee Kim, "Cola Wars Continue: Coke and Pepsi in 2010," Case 711–462 (Boston: Harvard Business School, December 9, 2010), https://store.hbr.org/product/cola-wars-continue-coke-and-pepsi-in-2010/711462.

14. 這論點的提出者是：John Sutton, *Sunk Costs and Market Structure: Price Competition, Advertising, and the Evolution of Concentration* (Cambridge, MA: MIT Press, 1991)。

15. Walmart, "Our Business," nd, https://corporate.walmart.com/our-story/our-business.

16. Thomas J. Holmes, "The Diffusion of Wal-Mart and Economies of Density," *Econometrica* 79, no. 1 (January 2011): 253–302.

17. Stephan Meier and Felix Oberholzer-Gee, " Wal-Mart: In Search of Renewed Growth," Columbia CaseWorks CU20, Columbia Business School, Fall 2020, https://www8.gsb.columbia.edu/caseworks/node/303/Wal-Mart%253A%2BIn%2BSearch%2Bof%2BRenewed%2BGrowth.

18. Stephen P. Bradley, Pankaj Ghemawat, and Sharon Foley, " Wal-Mart Stores, Inc.," Case 794-024 (Boston: Harvard Business School, January 19, 1994), https://hbsp.harvard.edu/product/794024-PDF-ENG.

19. Juan Alcácer, Abhishek Agrawal, and Harshit Vaish, "Walmart around the World," Case 714-431 (Boston: Harvard Business School, January 3, 2017), https://store.hbr.org/product/walmart-around-the-world/714431?sku=714431-PDF-ENG.

20. Ramon Casadesus-Masanell and Karen Elterman, "Walmart's Omnichannel Strategy: Revolution or Miscalculation?" Case 720-370 (Boston: Harvard Business School, August 28, 2019), https://hbsp.harvard.edu/product/720370-PDF-ENG.

21. George Anderson, "Walmart Has a Too Much Grocery Problem," *Retail Wire,* November 15, 2019, https://retailwire.com/discussion/walmart-has-a-too-much-grocery-problem/; and Russell Redman, "Study: Number of Online Grocery Shoppers Surges," *Supermarket News,* May 14, 2019, https://www.supermarketnews.com/online-retail/study-number-online-grocery-shoppers-surges.

22. Adapted from Steven Berry and Joel Waldfogel, "Product Quality and Market Size," *Journal of Industrial Economics* 58, no. 1 (March 2010): 1–31. The figure is copyright 2010 John Wiley and Sons. All rights reserved. Reprinted with Permission.

23. Berry and Waldfogel, "Product Quality and Market Size."

24. Sutton, *Sunk Costs and Market Structure: Price Competition, Advertising, and the Evolution of Concentration.*

第 14 章

1. 本章以下文獻為基礎：Felix Oberholzer-Gee, "Strategy Reading: Sustaining Competitive Advantage," Core Curriculum—Strategy (Boston: Harvard Business Publishing, Core Curriculum— Strategy, May 30, 2016), https://hbsp.harvard.edu/catalog/collection/cc-strategy。

2. William J. Abernathy and Kenneth Wayne, "Limits of the Learning Curve," *Harvard Business Review*, September–October 1974, https://hbr.org/1974/09/limits-of-the-learning-curve.

3. 參見以下的早年分析：Kenneth J. Arrow, "The Economic Implications of Learning by Doing," *Review of Economic Studies* (June 1962): 155　173。

4. 改寫自：Steven D. Levitt, John A. List, and Chad Syverson, "Understanding Learning by Doing," *Journal of Political Economy* 121, no. 4 (August 2013): 643　681。

5. Felix Oberholzer-Gee, Tarun Khanna, and Carin- Isabel Knoop, "Apollo Hospitals—First-World Health Care at Emerging-Market Prices," Case 705-442 (Boston: Harvard Business School, February 10, 2005), https://store.hbr.org/product/apollo-hospitals-first-world-health-care-at-emerging-market-prices/706440; and Tarun Khanna, V. Kasturi Rangan, and Merlina Manocaran, "Narayana Hrudayalaya Heart Hospital: Cardiac Care for the Poor," Case 505-078 (Boston: Harvard Business School, August 26, 2011), https://store.hbr.org/product/apollo-hospitals-first-world-health-care-at-emerging-market-prices/706440.

6. 引用自：Robert A. Burgelman, *Strategy Is Destiny: How Strategy-Making Shapes a Company's Future* (New York: Free Press, 2002), 49。

7. 引用自：Burgelman, Strategy Is Destiny: How Strategy-Making Shapes a Company's Future。

8. Marvin B. Lieberman, "The Learning Curve, Diffusion, and Competitive Strategy," *Strategic Management Journal* 8 (1987): 441　452.

9. Michael Spence, "The Learning Curve and Competition," *Bell Journal of Economics* XII (Spring 1981): 49　70.

10. Pankaj Ghemawat and A. Michael Spence, "Learning Curve Spillovers and Market Performance," *Quarterly Journal of Economics* 100 (1985): 839　852.

11. 改寫自：William J. Abernathy and Kenneth Wayne, "Limits of the Learning Curve," *Harvard Business Review*, September　October 1974, https://hbr.org/1974/09/limits-of-the-learning-curve。

第 15 章

1. Michael E. Porter, "What Is Strategy?" *Harvard Business Review*, November　December 1996, https://hbr.org/1996/11/what-is-strategy.

2. 巴菲特的這段話引述自：*David Perell*, "The Customer Acquisition Pricing Parade," David Perell (blog), nd, https://www.perell.com/blog/customer-acquisition-pricing-parade。

3. Raffaella Sadun, Nicholas Bloom, and John Van Reenen, "Why Do We Undervalue Competent Management?" *Harvard Business Review*, September　October 2017, https://hbr.org/2017/09/why-do-we-undervalue-competent-management.

4. Nicholas Bloom and John Van Reenen, "Measuring and Explaining Management Practices Across Firms and Countries," *Quarterly Journal of Economics* 122, no. 4 (2007): 1351–1408.

5. 本書作者與拉翡拉‧薩頓的私人通訊，2020 年 2 月 19 日。

6. 此圖表使用來 World Management Survey 的資料，參見：Nick Bloom, Renata Lemos, Raffaella Sadun, Daniela Scur, and John Van Reenen, "World Management Survey," Centre for Economic Performance, https://worldmanagementsurvey.org/。

7. 在許多環境中，訂定目標及追蹤很重要。例如，這些管理實務對於飛機機師行為的影響，參見以下文獻提供的研究證據：Greer K. Gosnell, John A. List, and Robert D. Metcalfe, "The Impact of Management Practices on Employee Productivity: A Field Experiment with Airline Captains," *Journal of Political Economy* 128, no. 4 (2020): 1195 1233。

8. Nicholas Bloom, Christos Genakos, Ralf Martin, and Raffaella Sadun, "Modern Management: Good for the Environment or Just Hot Air?" *Economic Journal* 120, no. 544 (May 2010): 551–572; Nicholas Bloom, Christos Genakos, Raffaella Sadun, and John Van Reenen, "Management Practices Across Firms and Countries," *Academy of Management Perspectives* 26, no. 1 (February 2012): 12 33; and Nicholas Bloom, Renata Lemos, Raffaella Sadun, Daniela Scur, and John Van Reenen, "The New Empirical Economics of Management," *Journal of the European Economic Association* 12, no. 4 (2014): 835–876.

9. 關於高效能工作實務在家族企業中的成效，參見：Daniel Pittino, Francesca Visintin, Tamara Lenger, and Dietmar Sternad, "Are High Performance Work Practices Really Necessary in Family SMEs?" *Journal of Family Business Strategy* 7 (2016): 75–89。

10. Sadun et al., "Why Do We Undervalue Competent Management?"

11. 本書作者與拉斐拉・薩頓的私人通訊。

12. Oriana Bandiera, Stephen Hansen, Andrea Prat, and Raffaella Sadun, "CEO Behavior and Firm Performance," *Journal of Political Economy* 128, no. 4 (2020): 1325–1369.

13. Christoph Lécuyer, "Confronting the Japanese Challenge: The Revival of Manufacturing at Intel," *Business History Review* 93 (Summer 2019): 349 373.

14. Arnold Thackray and David C. Brock, "Craig R. Barrett: Oral History Interview," interview with Craig R. Barrett, Science History Institute, December 14, 2005, https://oh.sciencehistory.org/oral-histories/barrett-craig-r.

15. Lécuyer, "Confronting the Japanese Challenge: The Revival of Manufacturing at Intel."

16. Porter, "What Is Strategy?"

17. Robert A. Burgelman, *Strategy Is Destiny: How Strategy-Making Shapes a Company's Future* (New York: Free Press, 2002), 33.

18. Burgelman, *Strategy Is Destiny: How Strategy-Making Shapes a Company's Future,* 49.

19. Chris J. McDonald, "The Evolution of Intel's Copy Exactly Technology Transfer Method," *Intel Technology Journal,* Q4 1998, https://pdfs.semanticscholar.org/3195/172157973017fe8114e91d20b 52eaf69d12c.pdf.

20. Ramon Casedesus-Masanell, David Yoffie, and Sasha Mattu, "Intel Corporation: 1968 2003," Case 703-427 (Boston: Harvard Business School, February 8, 2010), https://store.hbr.org/product/intel-corp-1968-2003/703427.

21. 有關於英特爾的各代微處理器的概述，參見："Intel Microprocessor Hall of Fame," https://home.cs.dartmouth.edu/~spl/Academic/Organization/docs/IntelChips/IntelChips.htm。

22. 一個與這密切關連的論點是：執行涉及策略性選擇。參見：Roger L. Martin, "CEOs Should Stop Thinking That Execution Is Somebody Else's Job; It Is Theirs," *Harvard Business Review,* November 21, 2017, https://hbr.org/2017/11/ceos-should-leave-strategy-to-their-team-and-save-their-focus-for-execution。

23. 梅朗接受訪談時的陳述：Lécuyer, "Confronting the Japanese Challenge: The Revival of Manufacturing at Intel," 354。

24. McDonald, "The Evolution of Intel's Copy Exactly Technology Transfer Method."

第 16 章

1. Kantar Millward Brown, "BrandZ Top 100 Most Valuable Global Brands 2018: Brand Valuation Methodology," https://www.brandz.com, 129.

2. 來自凱度公司的資料："BrandZ Top Global Brands" for 2013 and 2018, http://www.millwardbrown.com/brandz/rankings-and-reports/top-global-brands。獲利力資料來自標普智匯（S&P Capital IQ），2013 年及 2018 年。

3. Stanislav D. Dobrev 和 Glenn R. Carroll 把這論點應用於公司規模，基於許多理由，這麼做可能有益。參見：Stanislav D. Dobrev and Glenn R. Carroll, "Size (and Competition) among Organizations: Modeling Scale-Based Selection among Automobile Producers in Four Major Countries, 1885–1981," *Strategic Management Journal* 24, no. 6 (June 2003): 541   558。

4. Young Jee Han, Joseph C. Nunes, and Xavier Drèze, "Signaling Status with Luxury Goods: The Role of Brand Prominence," *Journal of Marketing* 74, no. 4 (July 2010): 15   30.

5. Han et al., "Signaling Status with Luxury Goods: The Role of Brand Prominence."

6. 相片來自 Shutterstock，本書取得使用許可。

7. Han et al., "Signaling Status with Luxury Goods: The Role of Brand Prominence."

8. 仿冒包包的價格取自 Purse Valley：http://www.bagvalley.ru/gucci-sylvie-leather-top-handle-bag-431665-cvl1g-1060-p-7152.htm。

9. Bart J. Bronnenberg, Jean-Pierre Dubé, Matthew Gentzkow, and Jesse M. Shapiro, "Do Pharmacists Buy Bayer? Sophisticated Shoppers and the Brand Premium," University of Chicago working paper, June 2013.

10. Bronnenberg et al., "Do Pharmacists Buy Bayer? Sophisticated Shoppers and the Brand Premium."

11. Sun Qiang, "A Survey of Medicine Prices, Availability, Affordability and Price Components in Shandong Province, China," Center for Health Management and Policy, Shandong University, Jinan, nd.

12. Tom Hancock and Wang Xueqiao, "China Drug Scandals Highlight Risks to Global Supply Chain," *Financial Times,* August 6, 2018, https://www.ft.com/content/38991820-8fc7-11e8-b639-7680cedcc421.

13. Beverage Industry Magazine, "Market Share of Ground Coffee in the United States in 2020, by Leading Brands," https://www.statista.com/stat ist ics/451969/market-share-of-ground-coffee-in-the us-by-leading-brand/.

14. Bart J. Bronnenberg, Sanjay K. Dhar, and Jean-Pierre H. Dubé, "Brand History, Geography, and the Persistence of Brand Shares," *Journal of Political Economy* 117, no. 1 (February 2009): 87–115.

15. Rohit Deshpande, Tarun Khanna, Namrata Arora, and Tanya Bijlani, "India's Amul: Keeping Up with the Times," Case 516-116 (Boston: Harvard Business School, May 4, 2016), https://store.hbr.org/product/india-s-amul-keeping-up-with-the-times/516116.

16. MSW-ARS Research, "The Brand Strength Monitor, United States: Brand Preferences for Midsize Sedans from February through April 2018, by Recent Purchase Based on Loyalty," https://www. statista.com/stat ist ics/869961/us-brand-preferences-for-midsize-sedans-based-on-loyalty/.

第 17 章

1. Stewart Butterfield, "We Don't Sell Saddles Here," Medium, February 17, 2014, https://medium.com/@stewart/we-dont-sell-saddles-here-4c59524d650d.

2. Butterfield, "We Don't Sell Saddles Here."

3. Youngme Moon, *Different: Escaping the Competitive Herd* (New York: Crown Publishing, 2010), 107   127.

4. Frances Frei and Anne Morriss, *Uncommon Service: How to Win by Putting Customers at the Core of Your Business* (Boston: Harvard Business Review Press, 2012).

5. 感興趣的讀者可以看弗瑞及摩里斯在以下這本著作中對此練習的更詳盡敘述：*Uncommon Service: How to Win by Putting Customers at the Core of Your Business,* 30   45。

6. 價值圖與 W. Chan Kim 和 Renée Mauborgne 在他們的著作中所說的「策略畫布」（strategy canvas）相似：

W. Chan Kim and Renée Mauborgne, *Blue Ocean Strategy: How to Create Uncontested Market Space and Make Competition Irrelevant* (Boston: Harvard Business Review Press, 2005)。

7. 本書作者和菲奧娜‧切尼亞夫斯卡的私人通訊，2020 年 4 月 3 日。

第 18 章

1. 圖表資料來自智遊網的分析。
2. 圖表資料來自智遊網的分析。
3. 本書作者訪談艾奇‧阿南德，2020 年 2 月 28 日。
4. 圖表資料來自智遊網的分析。
5. 更有幫助的例子參見：Frances Frei and Anne Morriss, *Uncommon Service: How to Win by Putting Customers at the Core of Your Business* (Boston: Harvard Business Review Press, 2012), 30 45。
6. 本書作者和米哈爾‧利戴的私人通訊，2020 年 3 月 26 日。
7. 資料由塔特拉銀行提供。
8. Adam Brandenburger, "Strategy Needs Creativity," *Harvard Business Review,* March–April 2019, https://hbr.org/2019/03/strategy-needs-creativity.
9. 圖表來自：Jan W. Rivkin, Dorothy Leonard, and Gary Hamel, "Change at Whirlpool Corporation (C)," Case 705-464 (Boston: Harvard Business School, March 6, 2006), 1, https://store.hbr.org/product/change-at-whirlpool-corp-a/7054622。
10. Rivkin, Leonard, and Hamel, "Change at Whirlpool Corporation (C)."
11. 相片由塔特拉銀行提供，本書取得使用許可。
12. 本書作者訪談艾奇‧阿南德，2020 年 2 月 28 日。

第 19 章

1. 本書作者和明蒂‧謝伊爾的私人通訊，2019 年 6 月 26 日。
2. 約 17.4% 的美國人面臨嚴重的行動及自我照料問題：Centers for Disease Control and Prevention, "Disability Impacts All of Us," September 9, 2019, https://www.cdc.gov/ncbddd/disabilityandhealth/infographic-disability-impacts-all.html。
3. 本書作者和蓋瑞‧薛恩鮑姆的私人通訊，2018 年 10 月 26 日。
4. 相片由湯米席爾菲格提供，本書取得使用許可。
5. PVH, "Outcomes and Quotes from Focus Groups Conducted at the Viscardi Center," July 28, 2016.
6. Chavie Lieber, "The Adaptive Fashion Opportunity," Business of Fashion, October 22, 2019, https://www.businessoffashion.com/articles/professional/the-adaptive-fashion-opportunity.
7. 本書作者和珍妮‧迪昂諾弗里歐的私人通訊，2019 年 4 月 25 日。
8. PVH, "Adaptive Phase 1: Getting the Language and Tone Right," October 19, 2017.
9. 這圖表來自：Firefish, Insight & Brand Consultancy, "Adaptive Clothing E commerce," http://www.firefish.us.com/。
10. 本書作者和蓋瑞‧薛恩鮑姆的私人通訊，2018 年 10 月 26 日。
11. 本書作者和莎拉‧霍頓的私人通訊，2019 年 4 月 25 日。
12. Lieber, "The Adaptive Fashion Opportunity."
13. PVH, "PVH Adaptive: Discussion of Business Plan Update and Outlook," November 2, 2017.
14. Michael Porter, *Competitive Advantage: Creating and Sustaining Superior Performance* (New York: Free Press, 1985), 17.

15. Jordan Siegel and James Chang, "Samsung Electronics," Case 705-508 (Boston: Harvard Business School, February 27, 2009), https://store.hbr.org/product/samsung-electronics/705508.

16. Pankaj Ghemawat and Jose Luis Nueno Iniesta, "ZARA: Fast Fashion," Case 703497 (Boston: Harvard Business School, December 21, 2006), https://store.hbr.org/product/zara-fast-fashion/703497.

17. Frances Frei and Anne Morriss, *Uncommon Service: How to Win by Putting Customers at the Core of Your Business* (Boston: Harvard Business Review Press, 2012), 65 66.

18. Jason Dedrick and Kenneth L. Kraemer, "Globalization of the Personal Computer Industry: Trends and Implications," Center for Research on Information Technology and Organizations, UC Irvine, 2002, https://escholarship.org/uc/item/6wq2f4hx#main.

第 20 章

1. 戴蒙的這句話引述自：Rick Wartzman and Kelly Tang, "The Business Roundtable's Model of Capitalism Does Pay Off," *Wall Street Journal,* October 27, 2019, https://www.wsj.com/articles/the-business-roundtables-model-of-capitalism-does-pay-off-11572228120。

2. 沃克的這句話引述自："Business Roundtable Redefines the Purpose of a Corporation to Promote 'An Economy That Serves All Americans,'" Business Roundtable, press release, August 19, 2019, https://www.businessroundtable.org/business-roundtable-redefines-the-purpose-of-a-corporation-to-promote-an-economy-that-serves-all-americans。

3. 格里菲斯的這句話引述自："Business Roundtable Redefines the Purpose of a Corporation to Promote 'An Economy That Serves All Americans.'"。

4. James Mackintosh, "In Stakeholder Capitalism, Shareholders Are Still King," *Wall Street Journal, January* 19, 2020, https://www.wsj.com/articles/in-stakeholder-capitalism-shareholders-are-still-king-11579462427.

5. Wartzman and Tang, "The Business Roundtable's Model of Capitalism Does Pay Off."

6. Aneesh Raghunandan and Shiva Rajgopal, "Is There Real Virtue Behind the Business Roundtable's Signaling?" *Wall Street Journal,* December 2, 2019, https://www.wsj.com/articles/is-there-real-vitue-behind-the-business-roundtables-signaling-11575330172.

7. Nichola Groom, "Big Oil Outspends Billionaires in Washington State Carbon Tax Fight," Reuters, October 31, 2018, https://www.reuters.com/article/us-usa-election-carbon/big-oil-outspends- billionaires-in-washington-state-carbon-tax-fight-idUSKCN1N51H7.

8. Devashish Mitra, "Endogenous Lobby Formation and Endogenous Protection: A Long-Run Model of Trade Policy Determination," *American Economic Review* 89, no. 5 (1999): 1116 1134.

9. "2020 Edelman Trust Barometer," Edelman, January 19, 2020, https://www.edelman.com / trustbarometer.

10. 技術性解釋，參見：Stuart W. Harborne Jr., "Value Gaps and Profitability," *Strategy Science* 1, no. 1 (March 2016): 56–70。

國家圖書館出版品預行編目（CIP）資料

哈佛最熱門的價值策略課／菲利克斯.奧伯霍澤-吉
（Felix Oberholzer-Gee）著；李芳齡譯. -- 初版. -- 臺北
市：城邦文化事業股份有限公司商業周刊，2024.1
　　面；　公分
譯自：Better, simpler strategy : a value-based guide to
　　exceptional performance.
ISBN 978-626-7366-38-7（平裝）

1.CST：企業經營　2.CST：企業管理　3.CST：策略規劃

494.1　　　　　　　　　　　　　　　112019146

哈佛最熱門的價值策略課

作者	菲利克斯·奧伯霍澤-吉 (Felix Oberholzer-Gee)
譯者	李芳齡
商周集團執行長	郭奕伶
商業周刊出版部	
總監	林雲
責任編輯	盧珮如
封面設計	萬勝安
內文排版	黃齡儀
出版發行	城邦文化事業股份有限公司 商業周刊
地址	104台北市中山區民生東路二段141號4樓
	電話：(02) 2505-6789　傳真：(02) 2503-6399
讀者服務專線	(02) 2510-8888
商周集團網站服務信箱	mailbox@bwnet.com.tw
劃撥帳號	50003033
戶名	英屬蓋曼群島商家庭傳媒股份有限公司城邦分 公司
網站	www.businessweekly.com.tw
香港發行所	城邦（香港）出版集團有限公司
	香港灣仔駱克道193號東超商業中心1樓
	電話：(852) 2508-6231　傳真：(852) 2578-9337
	E-mail：hkcite@biznetvigator.com
製版印刷	中原造像股份有限公司
總經銷	聯合發行股份有限公司　電話（02）2917-8022
初版1刷	2024年1月
初版2.5刷	2024年2月
定價	450元
ISBN	978-626-7366-38-7
EISBN	9786267366370（PDF）／9786267366363（EPUB）

Better, Simpler Strategy: A Value-Based Guide to Exceptional Performance

Copyright © 2024 by Felix Oberholzer-Gee

All rights reserved

Chinese translation rights published by arrangement with Business weekly, a division of Cite Publishing Limited.